应对气候变化国别研究

——基于《联合国气候变化框架公约》透明度报告信息

祁悦　王田　樊星　等著

中 国 计 划 出 版 社

图书在版编目（CIP）数据

应对气候变化国别研究 ：基于《联合国气候变化框架公约》透明度报告信息 / 祁悦等著 . -- 北京 ：中国计划出版社，2019.12（2022.4重印）

ISBN 978-7-5182-1113-5

Ⅰ.①应… Ⅱ.①祁… Ⅲ.①气候变化-研究-世界 Ⅳ.①P467

中国版本图书馆 CIP 数据核字（2019）第 284445 号

应对气候变化国别研究

——基于《联合国气候变化框架公约》透明度报告信息

YINGDUI QIHOU BIANHUA GUOBIE YANJIU

JIYU LIANHEGUO QIHOU BIANHUA KUANGJIA GONGYUE TOUMINGDU BAOGAO XINXI

祁悦 王田 樊星 等著

中国计划出版社出版发行

网址：www.jhpress.com

地址：北京市西城区木樨地北里甲 11 号国宏大厦 C 座 3 层

邮政编码：100038 电话：（010）63906433（发行部）

北京虎彩文化传播有限公司印刷

880mm×1230mm 1/16 7.5 印张 172 千字

2019 年 12 月第 1 版 2022 年 4 月第 2 次印刷

ISBN 978-7-5182-1113-5

定价：48.00 元

编写人员名单

（按姓氏笔画为序）

王田（合著第一章、第五章）

尹泓舒（合著第四章）

刘林蔚（合著第一章、第三章）

刘冠英（合著第二章）

祁悦（合著第一章～第七章）

杜真（合著第四章）

杨晋希（合著第七章）

张晓华（合著第一章～第六章）

阿柔娜（合著第一章、第二章、第三章）

陈济（合著第二章、第三章）

陈奕颖（合著第二章）

金振宇（合著第六章）

胡晓（合著第五章）

钟洋（合著第三章）

柴麒敏（合著第二章、第七章）

徐洁（合著第四章、第六章）

郭悦（合著第四章）

郭心朵（合著第四章）

樊星（合著第一章、第二章、第五章）

樊伊纯（合著第五章、第六章）

即刻扫码
作者有话对你说

前　言

《联合国气候变化框架公约》（简称《公约》）下透明度机制不断完善，形成了以国家信息通报、国家温室气体清单和巴厘路线图下建立的双年报告及审评机制为主的、关于各国应对气候变化政策、行动及国际合作的信息报告和审评体系，2015 年《巴黎协定》下各方决定建立“强化”的透明度机制，进一步加强缔约方应对气候变化目标和行动的报告，并于 2018 年卡托维兹会议基本完成了相关规则的制定。《公约》下的透明度体系为促进各方相互理解、加强沟通与合作打下了良好的基础，是全球气候治理进程的重要支撑。

缔约方在《公约》下报告的信息十分丰富，有效分析研究相关信息对于中国参与国际气候谈判、开展国际气候合作以及推动国内应对气候变化行动都有重要的价值和意义。从支撑谈判的角度来说，研究分析缔约方提交的国家报告是参与“国际评估与审评”“国际磋商与分析”以及“促进性多边评议”必须完成的工作，同时，了解各国的政策行动也是在谈判中做到知己知彼的基础。从支撑开展国际合作和国内行动的角度来看，《公约》透明度机制下各国系统全面地报告了各自的目标和行动，并包括相关政策的实施效果等信息，通过比较分析可以为相关政策制定提供有益的借鉴。

为此，本书重点研究了两方面内容：一是回顾和介绍了《公约》透明度机制的概况，二是基于《公约》下各方提交的报告信息开展的专题研究。全书共分为 7 章：第一章概述了《公约》《京都议定书》《坎昆协议》《巴黎协定》下报告和审评机制安排，回顾了关于国家自主贡献报告信息要求的谈判进程，概述并分析了相关信息报告导则的内容和影响；第二章主要介绍了 2020 年前各方减缓气候变化目标与行动；第三章分析了国家自主贡献的概念并评述了主要缔约方国家自主贡献的内容；第四章梳理了发达国家开展国际气候援助的现状，总结了相关经验和启示；第五章聚焦基础四国开展气候变化南南合作的政策措施；第六章综述和分析了发达国家道路交通部门减排温室气体的政策，梳理和总结了相关经验和启示；第七章的主题是碳交易机制，包括国际航空碳抵消机制的分析评价、排放配额分配的经验启示、碳市场国际合作等内容。

本书出版得到了中国清洁发展机制基金赠款项目“基于《公约》信息报告体系的应对气候变化国别研究与评估”（2014096）的资助。书稿的撰写也得到了生态环境部应对气候变化司（原国家发展改革委应对气候变化司）、国家发展改革委能源研究所、国家应对气候变化战略研究和国际合作中心的领导及同事的大力支持，作者在此表示由衷感谢。

全体作者

2019 年 2 月于北京

目　录

缩 略 词
(Abbreviation)

ADP	Ad hoc working group on the Durban Platform for enhanced action	德班强化行动平台特设工作组
AF	Adaptation Fund	适应基金
BASIC	Brazil，South Africa，India and China	基础四国
BAU	Business As Usual	照常情景
BR	Biennial Report	两年报
BUR	Biennial Update Report	两年更新报
CDM	Clean Development Mechanism	清洁发展机制
CGE	Consultative Group of Expert	咨询专家小组
CIF	Climate Investment Fund	气候投资基金
CMP	Conference of the Parties Serving as the Meeting of the Parties to the Kyoto Protocol	《京都议定书》缔约方大会
CO_2eq	Carbon Dioxide Equivalent	二氧化碳当量
COP	Conference of the Parties	缔约方大会
CPI	Climate Policy Innitiative	气候政策倡议
CRF	Common Report Form	统一报告表格
DAC	Deveopment Assistance Committee	发展援助委员会
EIA	U. S. Energy Information Administration	美国能源信息管理局
EPA	Environmental Protection Agency	美国环保署
G20	Group of Twenty	20 国集团
GCF	Green Climate Fund	绿色气候基金
GDP	Gross Domestic Product	国内生产总值
GEF	Global Environment Fund	全球环境基金
GHG	Greenhouse Gas	温室气体
HFCs	Hydro Fluorocarbons	氢氟碳化物
IAR	International Assessment and Review	国际评估与审评

ICA	International Consultation and Analysis	国际磋商与分析
IEA	International Energy Agency	国际能源署
INDC	Intended Nationally Determined Contribution	预期的国家自主贡献
IPCC	Intergovernmental Panel on Climate Change	政府间气候变化委员会
KP	Kyoto Protocol	京都议定书
LDCF	Least Developed Country Fund	最不发达国家基金
LULUCF	Land Use，Land Use Change and Forest	土地利用和林业
MRV	Measurable，Reportable and Verifiable	可测量、可报告、可核实
NAMA	National Appropriate Mitigation Actions	国家适当减缓行动
NIR	National Inventory Report	国家温室气体清单报告
ODA	Official Development Aid	官方发展援助
OECD	Organization for Economic Cooperation and Development	经济合作与发展组织
OPIC	Overseas Private Investment Corporation	海外私人投资委员会
REDD+	Reducing Emissions from Deforestation and Forest Degradation，as well as conservation，sustainable management of forests and enhancement of forest carbon stocks	减少发展中国家毁林和森林退化所致排放量和森林可持续管理以及保护和加强森林碳储量
SCCF	Special Climate Change Fund	气候变化特别基金
SBSTA	Subsidiary Body for Scientific and Technological Advice	附属科技咨询机构
UNFCCC	United Nations Framework Convention on Climate Change	联合国气候变化框架公约
USAID	United States of Agency for International Develment	美国国际开发署
WRI	World Resources Institute	世界资源研究所

第一章 《公约》下报告与审评机制安排

一、《公约》下报告和审评机制综述

报告（Reporting）和审评（Review）是保障《公约》实施和各缔约方履行承诺的透明度的重要机制。《公约》下的相关机制主要包括国家信息通报、国家温室气体清单的报告和审评，《京都议定书》下的相关机制包括对《公约》附件Ⅰ缔约方国家①系统和登记簿相关信息的报告和审评，随后《坎昆协议》下又建立了发达国家两年报（BR）和国际评估与审评（IAR）机制、发展中国家两年更新报（BUR）和国际磋商与分析（ICA）机制，《巴黎协定》下又建立了强化的透明度体系。透明度问题在全球治理，特别是气候治理中具有极其重要的作用。透明度制度化与国际协议的履约责任具有强关联性。通过确立透明度原则实现对缔约方履约的约束，被视为完成国际制度一整套机制流程的基础条件。研究认为，全球治理缺乏有效监管的问题一直是影响国际合作深入发展的重要原因，透明度原则带有数据可核查条款，使得国际合作可能在谈判和执行过程中更成功，建立能够影响国家行为的规范，并提升制度的有效性。②③ 以透明度促进治理（Transparency for Governance）也成为全球治理规则制定中的主要考量，④这主要强调透明度原则的工具性属性与作用。透明度、包容性和正当性分别指获取信息的权利（透明度）、参与的权利（包容性）与诉诸司法的权利（问责制），三者之间的逻辑关系十分清楚和密切，⑤ 已经成为当前全球治理的基本规范。国际机制理论一直将透明度视为机制有效性的一个重要因素，当前全球治理也已经在实践中反映了这种基本的治理逻辑关系。

（一）国家信息通报的报告和审评

根据公约第 4 条第 1～第 2 段和公约第 12 条，各缔约方应向缔约方大会提交国家

① 《公约》附件Ⅰ缔约方国家一般对应发达国家和经济转型国家，共 44 个。

② Ausubel J, Victor D G. Verification of International Environmental Agreements [J]. Annual Review of Energy and the Environment, 1992, 17 (1): 2-3.

③ Greene O. International Environmental Regimes: Verification and Implementation Review [J]. Environmental Politics, 1993, 2 (4): 156-173.

④ Mitchell R B. Transparency for Governance: The Mechanisms and Effectiveness of Disclosure-based and Education-based Transparency Policies [J]. Ecological Economics, 2011, 70 (11): 1882-1890.

⑤ Abbott K W. Trust but Verify: The Production of Information in Arms Controls Treaties and Other International Agreements [J]. Cornell International Law Journal, 1993, 26 (1): 1-58.

信息通报和国家温室气体排放清单。

1. 附件Ⅰ国家缔约方

对于附件Ⅰ国家缔约方，国家信息通报内容包括：国家温室气体（GHG）排放量、气候相关政策和措施、GHG 排放量预测、气候变化脆弱性和适应、为非附件Ⅰ国家提供的资金技术支持，旨在提升公众应对气候变化意识的行动以及国家温室气体排放清单。

附件Ⅰ国家按照报告指南每 4～5 年提交一次国家信息通报，截至 2018 年底，附件Ⅰ国家共提交了七次国家信息通报，第七次报告于 2018 年 1 月 1 日截止。自提交日起1～2 年，其国家信息通报经由国际专家审评小组（ERT）审评，小组成员由秘书处从《公约》（UNFCCC）专家名册中选出，秘书处在选择小组成员时将考虑附件Ⅰ国家和非附件Ⅰ国家人员数量的平衡，并考虑地区平衡。

审评的目的是为了对附件Ⅰ国家落实《公约》的情况提供彻底且全面的技术评估，从而确保缔约方大会有足够的信息量审评《公约》的落实情况。审评不会对附件Ⅰ国家的落实情况作出政治性的论断。

附件Ⅰ国家信息通报采用专家审评小组到访审评的方式，并将审评结果详细呈现到审评报告草稿中。在正式的审评报告提交到 UNFCCC 网页和缔约方大会前，这份草稿将事先交与缔约方征求意见。此外，除了到访审评这一模式外，2006—2007 年的审评还采取了集中审评模式，这是因为缔约方要求秘书处在第四次国家信息通报审评时，对没有要求到访审评的缔约方采取集中审评。在第五次国家信息通报审评中，对温室气体年排放量少于 5000 万吨二氧化碳当量（CO_{2eq}）的缔约方国家进行了集中审评。

秘书处定期将附件Ⅰ国家信息通报整理并汇编，作为讨论附件Ⅰ国家落实《公约》情况的基础文件提交给附属执行机构和缔约方大会。

2. 非附件Ⅰ国家缔约方

对于非附件Ⅰ国家缔约方，国家信息通报内容包括：国情概述、为落实公约而采取的行动和措施、气候变化易损程度和适应、技术转让和获取、科研项目的落实、提高公众应对气候变化意识和能力建设项目的落实，以及资金、技术、能力建设的需求和已获支持。大多数非附件Ⅰ国家缔约方的第一次国家信息通报已被秘书处整理，从 1999 年至 2005 年，秘书处已对综合报告进行了六次汇编并整合。

根据第 16 次缔约方大会决定（第 1/CP. 16 号决定），考虑到“共同但有区别”原则、与发达国家有区别的时间表以及资金支持是否及时到位，非附件Ⅰ国家信息通报每 4 年提交一次，其内容与附件Ⅰ国家的国家信息通报相比更简化。

为了帮助非附件Ⅰ国家缔约方准备国家信息通报，在第 5 次缔约方大会上，建立了专家咨询小组（CGE）。一直以来，专家咨询小组对国家信息通报的贡献都得到缔约方大会的认可，在第 18 次缔约方大会决定（第 18/CP. 18 号决定）上，缔约方认识到专家咨询小组也将在促进发展中国家编制和提交第一份两年更新报告提供技术咨询和支持方面发挥重要作用。第 19 次缔约方大会决定（第 19/CP. 19 号决定）将专家咨询小组的授权延期 5 年（2014—2018 年），CGE 将为非附件Ⅰ国家的国家信息通报和两年更新报告提供技术咨询和支持，包括提供行动方案，双边、区域和多边资金和技术援助来源的信息等。并在秘书处协助下，专家咨询小组编制的培训材料，为国际磋商和分析（ICA）进程下提名的技术专家（见下文）制定适当的培训方案，以改进其技术分析。

（二）国家温室气体清单的报告和审评

1. 综述

《公约》下引入温室气体清单报告和审评机制的目的是对缔约方减排温室气体并增强碳汇的过程进行技术评估。国家温室气体清单包含温室气体排放量的相关信息，例如活动数据、排放因子和排放估算的方法学。附件Ⅰ缔约方每年需参考《UNFCCC附件Ⅰ缔约方报告指南》，并基于政府间气候变化委员会（IPCC）的国家温室气体清单方法学上报其清单。最新的指南融合了《2006 IPCC国家温室气体清单指南》的方法学，并在第15/CP.17号决定中被采纳。2012年10月至2013年5月期间，缔约方可自愿参考更新后的《UNFCCC附件Ⅰ缔约方报告指南》进行上报，2015年提交后，所有缔约方必须强制遵守该指南。

每年的温室气体清单包括一个国家温室气体清单报告（NIR）和统一的上报格式表（CRF）。NIR包括定量和定性信息，例如方法学描述，包括排放因子、活动数据、重复计算、排放趋势、主要类别和不确定性分析以及准备清单的相关机构和程序安排（归档、质量保证和质量控制）。各国的清单预估通过CRF表格提交给秘书处，以便于数据的分析和比较。CRF表格包括清单预估中的活动数据、隐含排放因子和排放结果。关于所有温室气体源和汇以及年排放量估计值时间序列（起始年为1990年或基准年）等信息的全面报告有助于评估方法学和数据来源的连贯性，并评估排放趋势。

国家温室气体清单由专家审评小组（ERTs）每年进行审评，审评应遵循《UNFCCC审评指南》（1999年在第6/CP.5号决定中采纳，2002年在第19/CP.8号决定中完善）。《UNFCCC审评指南》有助于确保：缔约方大会（COP）可获得客观、连贯、透明、完整且全面的信息以及关于清单的技术评估；清单与经同意的上报指南的一致性以及清单的质量逐渐提升；且COP可获得关于附件Ⅰ缔约方承诺［《公约》第4条1（a）和第12条1（a）］执行情况的技术评估。

根据第6/CP.5号决定，关于附件Ⅰ缔约方国家温室气体清单的技术审评于2000年启动。随着试运行阶段的结束，自2003年起，对每个附件Ⅰ缔约方国家温室气体清单强制实施审评。

温室气体清单的审评主要侧重评估清单估算和准备过程中采用的方法学和数据来源与参考指南的一致性，具体指南包括《更新的1996 IPCC温室气体清单指南》《温室气体清单最佳实践和不确定性管理》和《土地利用和林业（LULUCF）最佳实践指南》。具体国家的温室气体清单审评通过到访审评、集中审评和案头审评（Desk Review）的方式开展。根据《UNFCCC审评指南》，对附件Ⅰ缔约方的温室气体清单审评每5年至少采用一次到访审评的方式。这种类型的审评确保更加全面地检视缔约方的方法学和假设、活动数据、排放因子、文件记录以及机构和程序安排。由于专家审评小组在不同地点的协调难度以及报告质量等因素，案头审评的方式在近几年鲜少使用。

2. 审评流程

根据第19/CP.8号决定，清单审评流程分为三个阶段进行：初步检查、综合和评估（包括两部分）和个别审评。在每个阶段结束时，被审缔约方有机会针对各阶段产出的报告草稿（分别是现状报告、综合和评估报告Ⅰ和Ⅱ、个别审评报告）发表意见。《UNFCCC审评指南》中明确给出了准备这些报告以及提出意见的具体时间安排。

年度温室气体清单的初步检查由秘书处负责，初审主要对清单提交的完整性和格式标准进行快速评估。

综合和评估阶段的第一部分由秘书处准备，对清单基本信息（方法学、活动数据和隐含排放因子）进行缔约方之间和时间跨度上的汇编和对比，以及上报的活动数据与国际数据源的对比。第一部分的成果以综合和评估报告一的形式在UNFCCC网站上公布。第二部分同样由秘书处准备，对各缔约方的清单进行初步的个别评估并识别出潜在的问题，具体包括循环问题、重复计算问题和数据时间序列连续性等。这些识别出的问题，连同缔约方的意见交由专家审评小组在下一阶段进一步探讨。综合和评估阶段的第二部分报告不向公众公开。

最后一个阶段，即个别审评阶段，由专家审评小组负责。审评小组的专家从UNFCCC专家名单中选取，专家小组的构成体现地域间平衡性以及附件Ⅰ缔约方和非附件Ⅰ缔约方专家人数的平衡。通常，每个小组包括一名跨部门专家以及来自各个清单部门（能源、工业、农业、LULUCF和垃圾处理）的一或两名专家。每组选出两名主要审评专家，分别来自附件Ⅰ国家和非附件Ⅰ国家。对于集中审评（4～5个缔约方集中参审），秘书处通常邀请2名跨部门专家和2～3名审评专家负责一个部门。对于到访审评，每组一般包括6名审评专家，每个部门一名专家和一名跨部门专家。审评的成果由专家审评小组共同准备，并通过年度审评报告的形式发布。报告最终发布到UNFCCC网站之前将提供给缔约方针对草稿提出意见。

3. 清单审评流程的活动支持

主要审评专家的一项工作职能是指导审评小组以确保审评的质量、一致性和客观性。根据第12/CP.9号决定，COP要求秘书处组织主要审评专家会议，推动以统一方法解决清单审评过程中遇到的方法学和程序性问题，并针对进一步提高审评流程的有效性和效率提出建议。主要审评专家会议的成果和建议收录在秘书处每年为附属科技咨询机构（SBSTA）准备的报告中。会议的结论和建议用于进一步指导专家审评小组的审评工作。

秘书处针对《公约》下温室气体清单审评和《京都议定书》下的审评而组织的专家培训是主要的审评相关活动之一。专家培训大大提高了审评的质量、严谨性和一致性。来自附件Ⅰ缔约方和非附件Ⅰ缔约方的专家通过参与审评过程吸收的丰富经验，对于强化其国内清单上报的质量、完整度和一致性有很大的帮助。专家培训活动在确保审评流程的质量和一致性上至关重要，特别是对于来自非附件Ⅰ缔约方国家以及不直接从事清单相关工作的专家来说更是如此。针对参与国家信息通报审评的专家的培训活动目前没有特定的要求。

秘书处针对附件Ⅰ缔约方温室气体清单的技术审评为专家们提供在线培训课程。

具体培训计划根据温室气体清单的发展和审评过程获得的经验实时更新。秘书处每年组织导师授课方式的专家培训，培训包括研讨会和考试，通过考试的专家才可以参与清单审评的工作。

《公约》下的培训计划主要包括两部分。第一，基础课程，涵盖温室气体清单审评的主要方面以及 IPCC 五大行业的审评细节内容。基础课程的形式采取每年一到两次导师授课的方式，包括培训研讨会；或在条件不允许的情况下，全年通过在线课程的方式开展。第二，2009 年秘书处更新了 2014 年前的培训计划，新计划包括针对新近审评专家的培训课程和区域研讨会、针对高级方法和复杂模型的审评设计的新培训模块以及针对资深的清单审评专家需求制定的相关培训活动，例如侧重审评中最复杂问题的进修研讨会。

（三）《京都议定书》下的报告和审评

对于同时是《京都议定书》缔约方的附件Ⅰ缔约方，为了审评其在《京都议定书》下的履约情况，还需根据《京都议定书第 7 条下信息准备指南》提供额外的信息，在年度温室气体清单报告和国家信息通报中提供关于《京都议定书》执行情况的信息，额外包括以下几方面内容：

（1）国家系统的描述；

（2）国家登记簿的描述；

（3）解释缔约方如何利用《京都议定书》的机制来辅助其国内行动；

（4）缔约方实施《京都议定书》第 2 条下政策与手段的信息；

（5）描述缔约方国内和区域的法律体系建设、生效情况以及管理程序；

（6）技术转让、能力建设、研究与合作以及《京都议定书》第 10 条下的其他行动；

（7）资金来源。

对于温室气体清单，补充信息包括：

（1）评估温室气体清单方面的进步；

（2）《京都议定书》第 3 条第 3 段、第 4 段下 LULUCF 相关的温室气体的源与汇的信息和估算，包括核算上述信息并将其增加至分配数量或从分配数量中减去；

（3）缔约方持有的和交易的《京都议定书》单位；

（4）国家系统的变化；

（5）国家登记簿的变化；

（6）缔约方实施其气候变化减缓的过程中尽量减少其对发展中国家社会、环境和经济负面影响的相关信息。

除了《京都议定书》下要求的年度额外信息之外，在第一承诺期内，同时是《京都议定书》缔约方的附件Ⅰ国家还需提交两份一次性的报告，分别是第 3 条第 2 段背景下的可论证的进展报告（Demonstrable Progress Report）和初始报告（Initial Report），并需单独提交报告以覆盖调整期（True-up Period）期间活动的相关信息。调整期报告应于调整期结束时提交，以决定缔约方是否履行了其在《京都议定书》（KP）

第 3 条第 1 段下的承诺。调整期报告必须包含承诺期内 GHG 排放的最终信息以及 KP 分配数量单位的增减情况，包括所有为了遵约而使用的分配数量单位的变动情况。

《京都议定书》下的审评适用于《〈京都议定书〉第 8 条下的审评指南》，并与《公约》下的审评一同进行，因此同时是《京都议定书》缔约方的附件Ⅰ国家根据《公约》和《京都议定书》的要求，只需进行一次审评。

《京都议定书》下的审评相对来说更加严格并且有遵约机制作为补充。特别是，如果审评专家组识别出与强制性义务相关的、影响缔约方履约的问题，并且该问题在审评过程中没有得到解决，专家组需要将其记录在最终报告中，列为“实施问题”。遵约委员会包括促进事务组和执行事务组，所有的审评报告将被转给遵约委员会，之后再分配到合适的事务组。

遵约委员会执行事务组会考虑在审评过程中识别出的方法学和与清单要求实施相关的问题。审评过程中识别的“实施问题”如未得到解决则会影响到缔约方在《京都议定书》机制（排放交易、清洁发展机制、联合履约）下的资格认定，资格认定将延期至问题解决。

与《公约》下的审评专家组相比，《京都议定书》下的审评专家在排放核算上有专门的任务。如果审评专家组在审评过程中认定缔约方的清单不完整或者与政府间气候变化委员会（IPCC）方法学不吻合，他们将建议对相关的排放评估进行调整。类似的，对《京都议定书》第 3 条第 3 段和第 4 段下的相关土地利用和林业（LULUCF）的评估也可以进行调整。此外，审评专家组还负责评估缔约方持有和交易相关配额的信息，如果专家组在某一交易中发现了问题，会建议根据《京都议定书》配额核算规则进行修改。

与《公约》下的机制类似，秘书处对《京都议定书》的审评专家进行培训，内容涵盖国家系统、《京都议定书》第 5 条第 2 段下的调整手段、分配数量核算的程序、国家登记簿和分配数量信息的审评以及《京都议定书》第 3 条第 3 段和第 4 段相关行动的审评。只有通过了考试的专家才能够参加《京都议定书》的年度审评。

（四）发达国家两年报和国际评估与审评

1. 两年报

根据第 1/CP. 16 号决定，发达国家（附件Ⅰ国家）每两年提交一次报告以提供其全球经济范围量化减排目标实施的相关信息。两年报（BR）的内容应包括：温室气体排放及趋势的信息、全球经济范围量化减排目标、实现全球经济范围量化减排指标的进展。

温室气体排放及趋势信息：国家温室气体清单中关于温室气体排放及趋势的信息摘要、国家温室气体清单编制的组织安排信息。

全经济范围量化减排目标：描述其全经济范围减排目标，包括目标的条件和假设、基准年气体的种类和来源部门、全球增温潜势、LULUCF 核算规则、利用国际市场机制完成目标的情况等。

实现全经济范围量化减排指标的进展：减缓行动及其影响的信息（政策措施、按部门的减缓行动、按气体类型的减缓行动，国内履约、监测等机制建设，应对措施的经济和社会影响），市场机制及土地利用碳汇单位的使用情况（基准年的总温室气体排放量、土地部门碳汇信息，使用市场机制的情况），预测（2020 年和 2030 年的温室气体排放预测信息），向发展中国家提供的资金、技术和能力建设支持的信息（附件Ⅰ国家有向非附件Ⅰ国家提供资金、技术和能力建设支持的义务，应报告相关信息以说明支持是新的和额外的）。

此外，也鼓励附件Ⅰ国家在两年报中提供对其目标履约情况及相关科学要求的评估的信息，以及国内履约机制的相关信息。

2. 国际评估与审评 IAR

发达国家两年报应通过国际评估和审评（IAR）机制进行审评。IAR 机制下审评的内容包括：减排目标以及源/汇信息，假设、条件及方法学，减排进展，资金、技术和能力建设支持。

IAR 分为两个阶段：第一阶段首先进行技术审评，与国家信息通报和国家温室气体清单同时进行，最终结果为技术审评报告；第二阶段为多边评估，秘书处将在附属履行机构（SBI）会议期间组织对发达国家的履约进展进行审评，审评基于附件Ⅰ缔约方的两年报、国家温室气体清单以及清单报告和国家信息通报，会议之前各缔约方可以书面形式提交问题和评论，被询问方须一一回答，最终多边评估的结果将包括：秘书处准备的深度审评报告、SBI 会议总结、多边评估环节的问题及回应以及被审评缔约方在 SBI 会议两个月内提交的其他信息。

发达国家应于 2014 年 1 月 1 日前提交第六次国家信息通报，并以附件的形式提交第一次两年报。3 月到 8 月，秘书处组织审评专家完成第一组附件Ⅰ国家两年报的审评报告；8 月到 10 月，进行第二组附件Ⅰ国家两年报的审评工作；9 月至 11 月，其他缔约方与被审评的缔约方就两年报及其审评报告交换意见；12 月，在 SBI41 会议上，秘书处将组织针对第一组附件Ⅰ国家两年报的国际评估与审评；2015 年 3 月，完成第一组附件Ⅰ国家的国际评估与审评（IAR）报告；6 月 SBI42 会议组织第二组附件Ⅰ国家的 IAR，并于 9 月完成第二组附件Ⅰ国家的 IAR 报告；若仍有未完成的 IAR 工作，将继续在 2015 年 12 月的 SBI43 会议上完成。

（五）发展中国家两年更新报和国际磋商与分析

1. 两年更新报

除上述国家信息通报外，根据第 16 次缔约方大会决定（第 1/CP. 16 号决定），非附件Ⅰ国家应该根据自身能力和所获资金支持，提交两年更新报告（BUR）。第 17 次缔约方大会决定（第 2/CP. 17 号决定）进一步对两年更新报告作出决定，要求非附件Ⅰ国家应该根据自身能力和所获资金支持，于 2014 年 12 月提交第一份两年更新报告，这份报告既可以作为国家信息通报的相关部分概要提交，也可以作为单独的一份更新报告提交。其中，最不发达国家和小岛屿发展中国家可视情况决定。有关非附件Ⅰ国家缔约方两年更新报告的指南详见第 2/CP. 17 号决定附件三。

非附件Ⅰ国家两年更新报告内容包括：国情信息、国家信息通报的机构安排、国家温室气体排放清单、国内减缓行动及其效果、在资金、技术和能力建设方面的需求及已获支持、在两年更新报告准备和编写上已获支持以及国内可测量、可报告、可核实（MRV）信息。

2. 国际磋商与分析

针对两年更新报告，第 16 次缔约方大会决定在附属履行机构下开展国际磋商和分析进程（ICA），国际磋商和分析以非侵扰性、非处罚性和尊重国家主权的方式进行，旨在通过技术专家与有关缔约方磋商进行的分析和交换意见，提高发展中国家减缓行动的透明度及其效果。

此外，为发展中国家缔约方进行的第一轮国际磋商和分析将在发展中国家缔约方第一轮两年更新报告提交 6 个月之内开始，并根据第一轮的经验，于 2017 年前对 ICA 的模式和指南进行修订。有关 ICA 的指南详见第 2/CP. 17 号决定附件四。

第 17 次缔约方大会提出（2/CP. 17，Annex IV），ICA 进程包括两个步骤：第一，ICA 下的技术专家小组（TTE）针对非附件Ⅰ国家提交的两年更新报告提交一份技术分析报告草稿，草稿将提交给非附件Ⅰ国家缔约方，邀请其在 3 个月内对草稿提出意见和反馈。在技术专家小组审议和磋商后，最终形成一份摘要报告提交给附属执行机构（SBI）。技术专家小组的技术分析报告应考虑国家温室气体排放清单报告、减缓行动、行动效果及其影响、行动落实的 MRV 进程以及发展中国家所获支持这些方面。第二，共享技术分析报告和两年更新报告的信息。附属执行机构会定期召开交流研讨会，方便各缔约方共享两年更新报告和技术分析摘要报告的信息。ICA 最终的成果文件包括上述技术分析报告的摘要报告和信息共享记录。

第 19 次缔约方大会对技术专家小组的构成和模式作出决定（20/CP. 19，Annex），技术专家小组应由经提名被纳入《公约》专家名册的专家组成，并且，提名的专家要完成咨询小组制定的培训方案后才有资格在技术专家小组任职。此外，大会决定技术专家小组的总体构成中，来自非附件Ⅰ国家缔约方的专家占大多数。技术专家小组应优先考虑并尽可能做到至少纳入一名专家咨询小组成员，咨询小组成员最多可占技术专家小组三分之一的名额。在确定技术专家小组其他专家时，应优先考虑曾担任专家咨询小组成员的专家。

（六）《巴黎协定》强化的透明度体系

《公约》第 24 次缔约方会议在波兰卡托维兹闭幕。会议按计划通过了《巴黎协定》“强化的透明度框架”实施细则，形成了《〈巴黎协定〉第 13 条行动与支持透明度的模式、程序和指南》（以下简称“新指南”），并就《公约》体系下现行的透明度履约工作如何与“新指南”相协调作出了安排。至此，2020 年后气候变化透明度体系正式建立，对各国相关信息统计、报告、审评和多边审议提出了新的要求。

《巴黎协定》形成的规则体系与《公约》和《京都议定书》都不同，尤其需要强化透明度来确保其实施。与《公约》相比，《巴黎协定》明确提出了可量化的集体行动目标，即“把全球平均气温升幅控制在工业化前水平以上低于 2℃以内，并努力将气温升幅限制在工业化前水平以上 1.5℃以内”。尽管不是直接的全球温室气体排放控制目标，但是政府间气候变化专门委员会（IPCC）已经就控制全球温室气体排放和实现温升控制目标之间建立起了典型排放路径关系，① 这使得国际社会可以量化预期和评判《巴黎协定》目标是否实现。与此同时，《巴黎协定》又采用减缓行动力度由各国自主决定的国家自主贡献模式，与《京都议定书》“自上而下”为缔约方设定量化减排承诺目标不同，② 且《巴黎协定》的促进履行和遵约机制也无法像《京都议定书》一样对未实现量化减排承诺的缔约方问责。在这种情况下，《巴黎协定》要实现量化的集体目标，就必须要求各缔约方对国家自主贡献负责，并且不断提高行动力度，而这又只能是基于透明度的政治性问责，而不可能是法律性问责。③ 因此，强化透明度成为确保《巴黎协定》体系有效的基础和关键。④⑤

对于同时作为《公约》和《巴黎协定》缔约方的国家，新规则一方面取代了《坎昆协议》下的“对称二分”体系，不再刻意追求两套规则，而是在形式上统一要求缔约方提交透明度双年报并接受审评；另一方面新规则与《公约》下原有的“严格二分”体系进行深度融合，明确提出每 4 年一次提交的国家信息通报与每两年一次的透明度双年报重叠年份可合并提交一份报告，且发达国家提交的年度清单和国家信息通报的报告与审评都将遵循“新指南”开展，极大地便利了报告的准备和审评。发达国家和发展中国家的区分在原有“严格二分”体系下得以保留，同时在“共同强化”的体系中通过反映其在《巴黎协定》下的不同减缓与出资义务，以及给发展中国家提供履约灵活性来体现。如在提供支持的报告方面，发达国家必须按照“新指南”报告且接受审评，而其他国家则鼓励按照“新指南”报告且不必接受审评。

对于不是《巴黎协定》缔约方的《公约》缔约方，则将继续按照《公约》下的规则履行透明度义务，包括《坎昆协议》新增体系，但可以参考《巴黎协定》透明度指南提供的报告和审评方法与程序。

《巴黎协定》透明度指南与之前相比，为缔约方强化的透明度义务主要包括如下四点：

第一，清单和资金报告方法学强化。新指南规定所有缔约方都要用政府间气候变化委员会（IPCC）于 2006 年制定以及后续更新的国家温室气体清单方法学编制清单。在此之前，发达国家自 2015 年起已经全面使用了这一方法学，而发展中国家的报告指南虽然仍规定使用 1996 年版 IPCC 方法学，但实际上已经有包括中国在内的不少发展

---

① 傅莎，邹骥，张晓华，等. IPCC 第五次评估报告历史排放趋势和未来减缓情景相关核心结论解读分析 [J]. 气候变化研究进展，2014，10 (5)：323-330.

② 高翔.《巴黎协定》与国际减缓气候变化合作模式的变迁 [J]. 气候变化研究进展，2016，12 (2)：83-91.

③ Kong Xiangwen. Achieving Accountability in Climate Negotiations：Past Practices and Implications for the Post—2020 Agreement [J]. Chinese Journal of International Law，2015，14 (3)：545-565.

④ Bodansky D. The legal character of the Paris Agreement [J]. Review of European Community and International Environmental Law，2016，25 (2)：142-150.

⑤ Winkler H，Mantlana B，Letete T. Transparency of action and support in the Paris Agreement [J]. Climate Policy，2017，17 (7)：853-872.

中国家自愿部分或全面使用了2006年版方法学。在资金报告方法学方面，发达国家按照2010年《坎昆协议》授权制定的指南报告向发展中国家提供资金支持的信息。在第一轮报告实践后，缔约方会议于2015年修订了标准化报表。新指南进一步改进了资金报告方法学，强化了对相应参数定义和假设的报告，引入了“赠款当量”（Grant-Equivalent）等新概念和方法，强调避免重复计算，并将通过双边渠道、多边渠道提供的资金支持与公共资金撬动的支持分开报告。

第二，清单报告频率强化。新指南规定所有缔约方都要提供连续年度的国家温室气体清单，其中发达国家应报告自1990年以来的时间序列，发展中国家至少报告国家自主贡献基准年和从2020年起的序列。根据履约灵活性，发展中国家可以每两年提交一次清单，但每次须报告连续两年的数据。在此之前，发达国家已经报告了连续的时间序列，而发展中国家在《坎昆协议》之后才开始报告隔年时间序列，但实际上，南非、巴西、印度、墨西哥、韩国、新加坡等许多发展中国家已经在其信息通报和双年更新报中报告了年度时间序列。

第三，报告内容的详细程度强化。新指南强化了清单、国家自主贡献进展、发展中国家收到支持和对支持需求的报告要求，包括清单的关键源分析、不确定性分析等信息，以“参数一览”的形式报告国家自主贡献关键参数的定量和定性信息，并提供排放情景预测，鼓励发展中国家按照获得支持的时间、部门、金额、支持渠道、资金性质、支持效果等参数进行报告。在此之前，除了“参数一览”外，发达国家相关指南已经提出了上述与其相关的要求，而这些对于发展中国家而言都是新增的内容，但实际上，中国、南非、巴西等许多发展中国家已经在之前的国家信息通报中报告了清单不确定性分析、排放情景预测等内容。

第四，专家审评形式和多边审议范围强化。专家审评对于发达国家和发展中国家都要识别报告质量改进点并提出“建议”（针对指南强制性要求）或“鼓励”（针对指南非强制性要求），相比此前对发展中国家开展的技术分析更为严格。多边审议范围纳入了提供、收到支持和支持需求的信息，相比之前发达国家根据《坎昆协议》开展的多边评估进程不涉及提供支持的内容有所增强，有利于国际社会理解发达国家向发展中国家提供支持的规模、内涵、用途等，提高透明度和关注度。

《巴黎协定》明确要求，强化的透明度框架应通过“通用的模式、程序和指南”来具体落实，同时为有需要的发展中国家提供灵活性，这在原则上确立了新指南的大致轮廓。然而如何理解“通用”和“灵活性”一直是谈判中的焦点问题，各方对灵活性的适用对象、适用条件、是否被审评、是否有时间限制等问题均有不同意见，但都认为灵活性是落实强化透明度框架的保障，其具体条款的设计要在保证各方都可参与的同时不断鼓励强化。

新指南为发展中国家提供的实质灵活性共有16处，包括温室气体清单须报告的气体种类、时间序列、关键源定义、不确定性分析、完整性评估、质量保证和质量控制、减缓政策措施实施效果、温室气体排放预测、专家审评的形式和步骤等。新指南还明确规定是否采用灵活性条款履约由发展中国家自主决定，其适用条件和对未来改进的考虑不由外界评判。

带有区分和灵活性的条款反映了发达国家和发展中国家在《巴黎协定》下承担义务和能力的不同，尤其是相比发达国家，发展中国家在制度能力、技术能力和国际经验三方面都有较大欠缺。

在制度能力方面，大部分发达国家通过立法或政府间书面协议确定权责义务，并委派专人负责数据收集和报告撰写工作，实现了清单编制和国家报告的机制化和常态化；相比之下大部分发展中国家的清单编制还停留在项目制的组织方式上，项目资金申请、批复以及到账的时间周期较长，同时大部分发展中国家公共管理能力相对落后，缺乏长期系统的温室气体排放数据和气候政策行动资料，面临着资金、人员和政府间协调等多方面挑战。

在技术能力方面，美国、德国和澳大利亚等发达国家早在 21 世纪初期就开发了国家温室气体清单信息系统，其中澳大利亚的国家温室气体清单编制从输入数据、估算排放量到清单报告编写和通用报表生成均在信息系统中完成，极大地提高了清单编制效率和质量；虽然包括中国在内的部分发展中国家也在积极建立温室气体数据库，但极少达到与发达国家类似的水平。

在国际经验方面，绝大部分发达国家都已提交了 20 余年的温室气体清单报告、7 次国家信息通报和 3 次双年报，并有丰富的接受国际审评的经验。而 150 多个发展中国家中，仅有 45 个国家提交了第一次双年更新报，25 个国家提交了第二次报告，只有 2 个国家提交了第三次报告，与发达国家差距明显。

灵活性自主决定正是充分尊重了发展中国家国情和能力不同的客观事实。由于处于不同的发展阶段、遵循不同的法律和政治制度，发展中国家的能力不足可能体现在法律基础薄弱、工作机制不畅、人力资源和资金保障不足等诸多方面，只有当事国才对自身是否具备充分的能力具有发言权。且灵活性自主决定更有利于发展中国家优先分配有限的资源，结合其国情和能力以最合理的方式和路径不断提高其报告质量。

灵活性条款的使用不被审评，则是遵循《巴黎协定》确定的促进性和非侵入性原则。发展中国家可在报告时作出简要说明，明确指出在何处使用了灵活性条款以及相应考虑，以便国际审评专家了解情况。在审评中也可与专家组共同识别相应能力建设需求，以帮助其不断优化、提高报告质量和透明度。

"通用"报告和审评条款则为发展中国家改善透明度的努力指明了方向。事实上，发展中国家也可自愿不使用灵活性条款。此外，新规则重申的"不倒退"原则适用于所有缔约方，无论是发达国家还是发展中国家，一旦开始达到某一报告标准，就应维持并不断改善。因此，灵活性条款既为发展中国家履约提供了可行的起始点，其与专家审评、自主改进的内在联系和"不倒退"原则又为发展中国家不断提高报告质量提供了保障。

双年透明度报告主要包括以下几个部分：一是温室气体清单报告，自 2024 年起，各国应采用 IPCC 发布的 2006 方法学编制自 2020 年起至报告提交年前 3 年的连续的年度国家温室气体清单，并且应对国家自主贡献目标基准年的国家温室气体清单进行计算，以确保温室气体清单数据的可比性；二是国家自主贡献进展相关信息，各国需自行识别和明确反映国家自主贡献实施进展的指标，并报告进展相关的定性和定量信息，同时还需要报告减缓政策和行动的进展及效果，鼓励发展中国家排放预测等信息。此外，还鼓励各方报告适应行动信息、提供气候支持的信息、收到气候支持的信息、报告质量改进计划及能力建设需求等信息。双年透明度报告应接受秘书处组织的技术审评，专家组将对照相应的报告和审评指南，对双年透明度报告的透明度和完整性等进行审评，对于未能按要求完成的报告义务提出相应“建议”，对于未能按标准完成的非强制性报告任务提出相应的“鼓励”。随后，秘书处还将组织“促进性多边审议”进程，该进程在缔约方之间进行，第一个阶段为书面问答阶段，其他缔约方基于双年透明度报告的内容进行提问，被提问的缔约方须在一定的时间内（2 周或 3 周）回答问题，第二个阶段为现场交流，缔约方将对双年透明度报告的内容进行口头汇报，然后与其他缔约方开展交流。

二、国家自主贡献相关信息报告要求

（一）“国家自主贡献”相关信息的谈判进程

华沙会议邀请各国开始准备各自“预期的国家自主决定的贡献（Intended Nationally Determined Contribution)”，并尽早（2015 年第一季度）通报各方，同时授权德班平台工作组于 2014 年识别提交相关“贡献”时所需的信息，要求德班平台工作组在 2014 年利马第 20 次缔约方大会识别出缔约方澄清国家贡献所需的信息类型。然而，由于各方对采用统一的信息要求通报目标有巨大的分歧，特别是发展中国家缔约方国家自主贡献形式多样，采用统一的信息模板存在实质性的技术障碍，因此，利马大会各方未能就此问题达成共识，仅在决议中反映了相关讨论的情况，即国家自主贡献可视情况包括基准年、折算指标、公平和力度的描述等信息。巴黎缔约方大会期间，各方忙于新协议的谈判未能就国家自主贡献信息要求达成进一步的共识，但在决议中授权《巴黎协定》特设工作组完成关于帮助使国家自主贡献清晰、透明和便于理解的信息指南以及国家自主贡献核算指南的制定。2018 年卡托维兹气候大会上，上述指南作为《巴黎协定》实施细则一揽子成果于《巴黎协定》第一次缔约方大会上通过。

（二）可参照的信息模板及各方提案

减缓承诺是各国自主贡献的重要部分，关于澄清减缓目标的信息要求由来已久，在巴厘路线图进程中就是减缓谈判的重点关注之一。自 2009 年，大部分发达国家开始宣布其至 2020 年的减缓目标，但是由于各国减缓目标隐含的条件和假设不同，使得评估发达国家的贡献非常困难。2010 年坎昆会议授权秘书处记录附件 I 国家全经济范围量化减排目标，2011 年各方决定为评估各国目标的力度，开展对发达国家减缓目标的进一步澄清工作，发达国家须于 2012 年 5 月前向秘书处提交相关信息，为此经过各方讨论开发一个建议性的统一模板。

在德班平台下，结合对“承诺＋审评”模式的谈判，关于承诺透明度问题的讨论也不断细化，欧美等国也在其提案中对此问题提出了一些考虑。与此同时，一些欧美的研究机构也就此提出了更为系统和具体的研究成果。

1. 澄清减缓承诺所需的基本信息

各国提出的减缓承诺除了目前发达国家适用的全经济范围量化减排目标外，还可能是碳强度目标、碳中和目标等。为了保证目标的透明度以及帮助缔约方互相理解各自的目标，并使得最终可以将各类减缓目标转化为承诺期内的预期减限排量，各方应就减缓目标提交一定的信息。通过比较，已有信息模板对澄清减缓承诺的基础信息要求大致相同，主要涵盖以下几类：

（1）基准年、目标年和承诺期起始时间。

（2）涵盖的温室气体种类及其全球增温潜势、温室气体排放部门。

（3）排放量核算和预测的方法学及相关假设。

（4）非绝对量减限排目标所需提供的额外信息。如采用人均排放量目标应提交承诺期内预期的人口变化，采用单位 GDP 排放量目标应提交承诺期内 GDP 水平预测，采用基于照常情景或其他基准的减排量预测应提交关于相关社会经济发展假设的信息和照常情景预测的方法学信息等。

（5）土地利用部门温室气体源/汇核算及方法学。核算土地利用部门温室气体源/汇对实现减缓目标的作用，可以以土地部门为整体或基于具体的行动，但须明确采用何种方法学，并对土地部门的贡献进行评估。

（6）利用市场机制获得的碳配额及其对减缓目标的贡献评估。包括各缔约方利用清洁发展机制、联合履约、国际碳交易等市场机制获得的碳配额核算情况及其对总目标的贡献比例的估算结果等。

（7）国内政策、机制和法规，提高目标力度的潜在机会，国内行动受他国和国际层面行动的影响等相关信息。

2. 已有模板反映出的不同关注

已有模板均以发达国家澄清全经济范围量化减排目标的信息模板为基础，虽然还不能覆盖所有的目标类型，但现有模板设计已经基本可以满足计算最终减限排量的要求。

美国提出的信息模板与统一模板没有显著区别，相对来说要求比较宽松，并且美国强调各方可根据意愿对各自承诺相应减限排量进行估算，但估算的结果并不是缔约方的承诺，这种估算只是为了更好地理解其减缓承诺目标，这与美国不欢迎严格机制的一贯立场相符。同时，美国并未考虑在信息模板的设计上反映“共同但有区别”原则，即未来发达国家沿用现有模板，并直接将现有模板的适用范围拓展至发展中国家。

欧盟一贯关注全球实现 2℃目标的可行性，努力推动将各国减排努力与全球长期目标挂钩，以便更好地识别二者之间的差距进而采取行动，因此欧盟强调各方提交澄清减缓目标的信息是接下来开展有效审评的前提条件。同时，欧盟设计的信息模板以承诺类型为基础，与其提出的“Spectrum of Commitments”相呼应，虽然考虑到了不同国家在国情和能力上的差距，但也试图以这种方式打破现有以两分法为基础的机制安排。

OECD 的信息模板与欧盟提案类似，就具体的目标类型提出了信息要求，同时还要求提交在科学和公平背景下对目标力度的相关解释、资金来源等额外信息，这些信息可以更好地为后续的关于力度和实施进展的审评提供支撑。世界资源研究所（WRI）的信息模板更细致，并设计了四个层级的信息填报要求，除第一层级为必填外，缔约方可根据各自能力选填其他信息。选填的信息包括对目标力度的解释、目标对公平的体现、宏观经济形势预测、减排边际成本估算、部门减排目标、峰值年份和增/减排速率等。研究机构在设计模板时的考虑更全面和平衡，对各项信息指标的阐述也更详尽，对各国准备自主贡献有很大的参考价值。

（三）国家自主贡献信息及核算指南的特征和主要内容

经过 3 年的密集磋商与谈判，国家自主贡献导则在《巴黎协定》特设工作组第三议程下完成了相关谈判，形成了国家自主贡献特征、信息和核算三个导则，将为各国后续准备和通报国家自主贡献提供帮助和指导。达成的自主贡献导则细则具有以下几方面的特征：

第一，导则体现了自下而上、自主决定的安排，对自主贡献文件中信息可能包括的内容形成了相对松散和概要性的安排。

第二，导则体现了“共同但有区别的责任”和“各自能力”原则，一是在决定中重申了《巴黎协定》第 4.4 条，即发达国家带头减排，并承诺全球经济范围量化减排目标；二是强调了各方起点、国情和能力不同，同时又指出为发展中国家提供能力建设的重要性，突出了发达国家和发展中国家的区别；三是强调要为发展中国家履行自主贡献和减排条款提供支持。

第三，导则体现出国家自主贡献“全要素”的特征，即不仅包括了减缓，还包括了适应等其他各个要素，一是决议中重申了《巴黎协定》第 3 条，明确了国家自主贡献涉及减缓、适应、资金、技术和能力建设等要素；二是指出本导则所涉信息不预断减缓以外的其他要素，指出各方可提供包括“适应”在内的其他要素。

第四，为能力不足的缔约方预留了适用导则的“准备期”，根据此次缔约方决定，各方将在通报其第二轮自主贡献时适用国家自主贡献信息导则，并“非常鼓励”各方在第一轮自主贡献中适用导则。因此，已经通报 2030 年目标的国家在 2020 年时并不是必须适用该导则，可以有相对充足的时间为适用导则做好准备。

根据最终的成果，各方在 2025 年提交下一轮国家自主贡献时需根据各自目标的形式和内容在文件中报告以下几方面信息：

第一，基准年的量化信息。包括基准年的年份以及相关的量化信息，若适用缔约方的自主贡献，还可包括目标年的量化信息；最不发达国家和小岛屿发展中国家自主贡献中提及的发展战略、计划和行动，当不涉及基准年量化信息时，可由缔约方自主决定提供与其相关的信息；数字表达目标的内涵，例如，以下降百分数或其他量化数值来表述目标；当缔约方要更新其参考指标的数值时，提供描述相关情况的信息。

第二，自主贡献实施的时间框架。各方自主贡献目标实施的时间框架，包括实施开始和结束的日期；各方根据其自主贡献适用性指出其自主贡献是单年还是多年目标。

第三，目标的范围。各缔约方根据其自主贡献适用性提供目标涉及的部门和行业、气体种类、自主贡献包含的源/汇的类型信息，与 IPCC 指南保持一致；缔约方提供如何考虑《巴黎协定》第 31（c）和 31（d）段所涉及内容的信息，即体现缔约方努力在其国家自主贡献中将人为排放或清除的所有类别的气体包括在内，一旦已纳入某种源/汇就继续将其纳入。此外，还需要对不被纳入的任何类别的人为排放或清除作出解释；缔约方的适应行动形成的减缓协同效应和经济多样性计划，包括对某一项目、措施，以及缔约方关于适应行动和经济多样性计划的倡议。

第四，规划过程，即缔约方在准备自主贡献过程中相关的信息，可提供落实计划的信息，视情况可包括如下内容：国内机构安排、公共参与、地方社区和原住民的参与等；还可包括国情信息，例如地理、气候、经济、可持续发展和消除贫困；在准备国家自主贡献过程中的最佳实践和经验的信息；缔约方对于其自主贡献的准备如何从全球盘点的成果获取信息；提交了适应行动引起减缓的协同效应的缔约方将提供应对措施引起的经济和社会效果如何被考虑的信息、具有减缓的协同效应的某些项目、行动和适应计划的信息（可能涉及能源、水资源、城市规划、农业和林业等领域），以及经济多样性行动的信息（可能包括制造业和工业、能源和采掘业、交通、旅游业、房地产、农业和渔业等不同部门）。

第五，假设和方法学，包括评估及核算人为温室气体排放和消除的信息。在自主贡献中所使用的针对人为温室气体排放和清除的核算方法应当与《巴黎协定》第 13 条透明度条款下的相关核算指南相一致；国家自主贡献的政策措施或战略所使用的假设和方法学，缔约方视情况提供如何考虑《公约》下已有的针对人为排放和清除的核算导则和方法，与《巴黎协定》第 4.14 条一致；用以估算人为温室气体的排放和清除的 IPCC 方法和度量衡的信息；部门、类型、某活动的假设和方法学信息，应与 IPCC 指南的方法学相一致，可视情况包括土地上的自然扰动产生排放的核算方法、收获林产品的排放核算方法学、森林的树林分层结构的排放和清除的核算方法，等等；用于理解自主贡献的其他假设和方法学及方法的信息，包括基准水平等内容的主要参数、假设、定义、方法、数据来源和模型；对于那些包含非温室气体要素的缔约方的国家自主贡献，若适用，应提供非温室气体要素有关的假设和方法学的信息；对于那些包括了 IPCC 指南中没有覆盖到的气候强迫物质的国家自主贡献，应提供这些气候强迫物质如何被估算的信息，并根据必要性提供进一步的技术信息；在《巴黎协定》第 6 条是否有意愿使用自愿合作的信息。

第六，依据国情对国家自主贡献公平和力度进行评估。如何考虑公平以及如何反映公正的信息；缔约方如何强调《巴黎协定》第 4.3 条、第 4.4 条和第 4.6 条的信息。

第七，国家自主贡献对于实现《公约》第 2 条目标的作用的信息，以及国家自主贡献对于实现《巴黎协定》第 2.1（a）条和第 4.1 条的作用的信息。

第二章　主要缔约方 2020 年减缓目标和行动

一、发达国家 2020 年减缓目标及其实施进展

基于历史责任、发展阶段和各自能力，《公约》《京都议定书》和《巴黎协定》都明确提出了发达国家有率先大幅减排温室气体并向发展中国家提供资金等支持的义务。作为 2020 年后实现全球长期目标的基础，发展中国家希望发达国家能切实履行 2020 年“全经济范围量化减排目标”以及每年动员“1000 亿美元气候资金”为发展中国家提供支持的承诺，而不应该逃避近期责任，仅讨论关注各国贡献问题和长期问题。

2020 年前应对气候变化行动和支持力度，特别是发达国家已承诺的减排目标和资金支持义务的兑现问题是国际社会尤其是发展中国家的重要关注。本章即基于发达国家缔约方向《公约》秘书处提交的国家报告信息和相关智库研究成果，对发达国家 2020 年前减排温室气体、提供气候资金支持的进展和差距进行盘点和梳理。

绝大多数发达国家缔约方（除土耳其外的附件Ⅰ缔约方）都制定并向《公约》秘书处通报了各自的“全经济范围量化减排目标”，并在后续的两年报中不同程度地澄清了目标、报告了温室气体排放和预测信息以及减排政策与行动信息，但仍存在目标力度不足、核算规则不清晰和减排进展缓慢等问题。

（一）减排目标力度不足

根据政府间气候变化委员会（IPCC）第四次评估报告的结论，要实现将 21 世纪末温升控制在 2℃以内的目标，发达国家到 2020 年应在 1990 年排放水平基础上减排 25%～40%,① 但目前，发达国家全经济范围量化目标的总体力度仅相当于在 1990 年排放水平基础上减排 11%,② 与上述要求距离甚远。因此，2013 年华沙气候大会第 1/CP. 19 号决议③敦促每个发达国家缔约方重审《公约》下全经济范围量化减排目标，《京都议定书》缔约方还需根据第 1/CMP. 8 号决定第 7～11 段，重审其量化的排放减

① IPCC. Climate Change 2007：Mitigation of climate change [R/OL]. [2018-01-30]. http://ipcc.ch/report/ar4/wg3.

② UNFCCC. Compilation of economy-wide emission reduction targets to be implemented by Parties included in Annex Ⅰ to the Convention [R/OL]. [2018-08-14]. https://unfccc.int/resource/docs/2011/sb/eng/inf01r01.pdf.

③ UNFCCC. Decision 1/CP. 19 [R/OL]. [2018-08-14]. https://unfccc.int/resource/docs/2013/cop19/eng/10a01.pdf.

限排目标；并敦促作出有条件承诺的发达国家缔约方定期评估其全经济范围量化减限排目标前提条件的适用性，以便调整、解决或删除上述前提条件。

然而这些旨在促进发达国家提高 2020 年目标力度的决定并未得到有效实施，发达国家缺少提高目标力度的意愿。① 一方面，已经提前实现 2020 年减排目标的发达国家缔约方没有进一步强化目标力度，未能给其他国家作出良好的示范，也向市场发出了消极的信号。例如欧盟 2013 年温室气体排放量就已经比 1990 年水平下降 20%，并且在后面几年继续保持了下降的趋势。欧盟宣布提前完成 2020 年减排目标后，遭到了关于原有目标力度不足的质疑，欧盟碳市场碳价也持续低迷，但即便承受了这样的压力，欧盟仍以内部程序繁琐为由而未加强目标力度。另一方面，作出有条件承诺的发达国家缔约方未明确澄清其实现条件或给出明确的界定，看似有力度的承诺只是形同虚设。澳大利亚、欧盟、冰岛和瑞士等国家都承诺了在一定前提下实现更高减排力度的目标，这些前提条件包括“达成一项全球以及全面性的气候目标协议”，“其他发达国家作出可比的减排努力以及发展中国家根据其各自国情、责任和能力水平作出充分贡献”，“制定一套行之有效的 LULUCF 核算规则”，“充分利用、广泛参与国际碳市场机制”等，这些缔约方既没有为这些条件设置可衡量或可量化的标准，也没有根据缔约方大会的决定定期评估这些条件的适用性。

（二）减排目标及其核算规则仍有待澄清

对于参与《京都议定书》第二承诺期的发达国家缔约方来说，其全经济范围量化减排目标与《京都议定书》下目标相一致，核算其目标和进展有规可循，但《公约》下并未针对“全经济量化减排目标”建立严格的核算和履约机制，因此，对于未参加《京都议定书》第二承诺期的美国、加拿大、日本、新西兰、俄罗斯②这些缔约方来说，其 2020 年减排目标本身及其核算规则仍存在一些问题。一是“单一年”减排目标较“承诺期”目标而言缺乏透明度。以二氧化碳为主的温室气体在大气中长期累积，因此，要反映温室气体对温升的贡献应采用累积排放量指标，即需要明确温室气体排放的趋势以计算一段时间内温室气体排放的总量。然而，仅明确 2020 年减排量的单一年目标不能反映温室气体排放路径和总量。二是土地部门核算方式不具有可比性。《京都议定书》对于基准年是否考虑土地利用和林业部门（LULUCF）排放有严格的规定，并且采用基于活动的方法学核算土地部门对于履约的贡献，③ 但美国等缔约方采用将 LULUCF 部门源/汇计入总排放的方式核算其贡献，使得缔约方之间的努力不具备严

---

① UNFCCC. Second Multilateral Assessment Process [DB/OL]. [2018-08-14]. https://unfccc.int/process/transparency-and-reporting/reporting-and-review-under-the-convention/national-communications-and-biennial-reports-annex-i-parties/international-assessment-and-review/multilateral-assessment-under-the-iar/iv-multilateral-assessment-at-sbi-45.

② UNFCCC. Doha Amendment to the Kyoto Protocol [R/OL]. [2018-08-14]. https://unfccc.int/process/the-kyoto-protocol/the-doha-amendment.

③ UNFCCC. Kyoto Protocol Reference Manual on Accounting of Emissions and Assigned Amounts [R/OL]. [2018-08-14]. http://www.bvsde.paho.org/bvsacd/cd63/kyoto-protocol.pdf.

格的可比性。三是利用国际市场机制履约的计划安排尚不清晰。国内减排进展不足的发达国家需通过购买国际市场机制减排量履约，但是国际减排量使用的限制并不明确，各缔约方也未澄清拟利用的减排量的类型和时间以及如何将不同年份产生的减排量纳入单一年减排目标实施核算中。

（三）部分发达国家减排进展缓慢

根据发达国家缔约方向《公约》报告的温室气体排放清单数据①和情景预测数据②，我们梳理了截至 2016 年各方减排进展及“现有政策情景”（WEM，with existing measures）下各方 2020 年履约的可能性（详见图 2-1）。结果显示，已经有部分发达国家在 2016 年提前完成 2020 年目标，如欧盟以及俄罗斯、白俄罗斯和乌克兰等经济转轨国家，排放量占全部发达国家排放量的 46.29%（按 2016 年排放量计算），经济衰退是这些缔约方温室气体排放量下降的重要驱动因子，经济转型体国家温室气体排放量在 20 世纪 90 年代出现了断崖式的下降，而欧盟内部的经济转轨国家虽然排放量仅占 20%～25%，但贡献了 30%以上的减排量。2009 年经济危机之前，欧盟经济转轨国家的减排贡献一直在 70%以上。部分国家在 2016 年取得了积极进展，如美国、日本、澳大利亚、挪威等，但也需要注意到加拿大、冰岛、哈萨克斯坦、瑞士、摩纳哥等国家目标完成进展并不理想，在“国际评估与审评（IAR）”进程中，这些缔约方也给出了减排进展缓慢的原因，包括区位条件限制导致较高道路交通需求、既有能源系统相对清洁以至于减排目标潜力有限等。

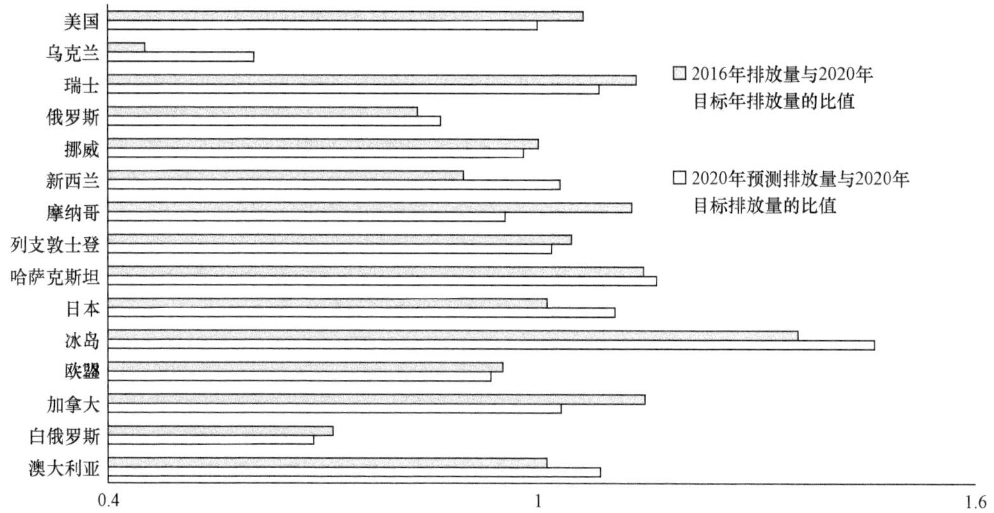

图 2-1 发达国家③2020 年全经济范围量化减排目标实施进展及预测
（比值大于 1 表示未实现目标，比值小于 1 表示可实现目标）

① UNFCCC. GHG data interface [DB/OL]. [2018-08-14]. http://di.unfccc.int/time_series.

② UNFCCC. Biennial Report Data Interface [DB/OL]. [2018-08-14]. http://www4.unfccc.int/sites/br-di/Pages/Home.aspx.

③ 《公约》下“发达国家”相当于附件Ⅰ缔约方。

根据各国在两年报中报告的“现有政策情景”，到 2020 年，瑞士、新西兰、列支敦士登、哈萨克斯坦、日本、冰岛、加拿大以及澳大利亚无法完成减排目标，上述国家排放量占所有发达国家的 18.02%（按 2016 年排放量计算），需要在国内采取更有力度的措施或者购买国际市场机制的减排量才能履约。其他发达国家缔约方预期到 2020 年可以完成既定减排目标。但一些缔约方不能履约的风险仍然很高，如美国（占发达国家排放量 36.04%，按 2016 年排放量计算），根据其两年报，美国只有在“高碳汇”情景下才有可能实现 2020 年比 2005 年减排 17%的目标，但土地部门碳汇贡献的预测有显著的不确定性，并且 2016 年特朗普总统上台后对美国国内气候政策作出了较大调整，一些研究机构的预测也显示其很难完成既定减排目标。① 澳大利亚（占发达国家排放量 3.27%，按 2016 年排放量计算）也面临同样的问题，此前启动的碳市场也由于联邦大选换届而终止运行。

（四）发达国家 2020 年前行动不足的影响及对策

当前的国际气候合作机制下没有建立严格的履约机制，对于不能履约的缔约方没有有效的制约措施，发达国家 2020 年承诺兑现不力对多边进程将产生显著的负面影响，打击各方合作实现温控目标的信心，破坏缔约方之间的互信。更重要的是，2020 年前行动不足将使得未来应对全球气候变化的挑战更加严峻，各方需采取更有力度的行动并付出更多的资金成本，这些额外的负担都将在一定程度上转嫁给发展中国家，中国作为第一排放大国和新兴经济体，将可能面临超出自身责任和能力的减排及出资压力。

2018 年，《巴黎协定》实施细则谈判进入尾声“塔拉诺阿对话”等活动聚焦提高力度问题，非缔约方主体广泛参与，应对气候变化进程得到国际社会的广泛关注。2018 年底波兰卡托维茨气候大会期间，各方以促进性对话的方式对 2020 年前行动和力度进行盘点，并且“塔拉诺阿对话”、资金高级别会议也讨论了 2020 年前行动相关的内容。

中国在 2020 年前加强行动和力度方面主要有以下关切和主张。

第一，突显履行承诺的重要性，提振各方对多边进程的信心。应对全球气候变化，各国应承担“共同但有区别的责任”，切实履行承诺是国际合作应对气候变化的基本要求，发达国家 2020 年承诺的落实情况将成为《巴黎协定》实施的示范和模板。发达国家应处理好各方对其 2020 年承诺履行情况的关切，制定积极有力度的履约方案，给国际社会一份清晰明确的“答案”。

第二，为发达国家加强减缓行动和履行支持承诺提出建设性的意见。基于对发达国家履行 2020 年承诺进展的盘点，针对存在的问题提出改进意见，包括启动国内程序提高减排目标力度、加强国内政策实施、加大减缓气候变化资金投入、利用国际市场机制、提高国际资金支持透明度和资金支持规模等。

---

① Climate action tracker：USA [DB/OL]. [2018-08-14]. https://climateactiontracker.org/countries/usa/.

第三，联合发展中国家落实好2020年前议题的谈判成果。加强与发展中国家集团及有特殊关切的国家之间的协调，按照相关决定的安排，按时向《公约》秘书处提交信息，加强与秘书处沟通，及时了解后续盘点和对话的设计方案，做好充分准备，积极参与盘点和对话进程，并持续关注盘点和对话的成果，切实促进各方特别是发达国家兑现承诺。

表2-1为发达国家缔约方2020年全经济范围量化减排目标及实施进展。

二、主要发展中国家缔约方NAMA及实施进展

发展中国家的国家适当减缓行动（NAMA）的概念来自巴厘路线图的授权，是《公约》下推动减缓进程中的一个重要概念，有效推动了发展中国家根据自身能力自主开展的减缓行动。

（一）总体情况

在《公约》谈判的20多年中，发展中国家以什么方式开展什么形式的减缓行动是发达国家一直以来的重点关切。随着发展中国家整体排放量的不断上升以及经济、社会等各方面能力的进一步提高，这种关切越来越急迫，发达国家要求发展中国家增强减缓行动的呼声也越来越高。NAMA的概念从在《公约》谈判中产生到不断沿革再到在《公约》外项目层面的实施，反映出了发展中国家开展减缓行动被不断具体化的过程。

《公约》第4.1（b）条宽泛地提到各缔约方在“共同但有区别责任”原则、“各自能力”等原则下采取减缓气候变化的政策措施，对发展中国家的减缓行动提出了一般性的要求。2007年巴厘行动计划开启了长期合作行动特设工作组（AWG-LCA）的谈判，其中第1（b）Ⅱ项内容首次提出了NAMA的概念，但此时的NAMA指的是发展中国家“在获得可测量、可报告和可核实支持后”的减缓行动。坎昆会议，随着相当数量的发展中国家在NAMA概念下提出自身2020年前的行动目标，围绕NAMA的磋商逐步在三个领域展开。一是行动目标，二是发达国家对NAMA的支持，三是对NAMA的可测量、可报告、可核实（MRV）。坎昆会议后，NAMA被明确分为受国际支持的NAMA和国内开展的NAMA两类。因此，发达国家只需支持可接受国际支持的NAMA，且MRV也分为对两类NAMA的MRV。在后续的谈判中，关于国际支持更多集中于针对登记簿体系建设的谈判，MRV的谈判也随着国际磋商与分析（ICA）和两年更新报（BUR）以及国内NAMA的MRV指南等方面谈判的完成而结束。关于目标的谈判，附属机构会议成为发达国家要求澄清NAMA目标相关信息的场所。

关于NAMA的实施，部分发达国家和发展中国家围绕国际支持的NAMA以合作项目的方式开展了一系列活动。目前，部分发达国家成立的“NAMA促进机制”和“NAMA伙伴关系”等机制和动议正在为包括在NAMA登记簿注册项目在内的发展中国家NAMA项目提供资金和技术支持，部分发展中国家也为获得国际资源的支持作出了相关的机制安排，在真正落实NAMA方面作出了积极努力（见图2-2）。

表 2-1　发达国家缔约方 2020 年全经济范围量化减排目标及实施进展

缔约方	全经济范围量化减排目标＊	基准年	基准年排放量（$KtCO_2eq$）	目标年排放量（$KtCO_2eq$）	2015 年排放量（$KtCO_2eq$）	WEM 情景下 2020 年排放量预测（$KtCO_2eq$）
澳大利亚	5.0%	2000	551257.03	523694.18	525565.07	563302.00
白俄罗斯	8.0%	1990	136914.91	125961.72	89607.64	88120.09
加拿大	17.0%	2005	701540.62	582278.72	688257.93	608300.00
欧盟	20.0%	1990	5642685.16	4514148.12	4307968.32	4212961.07
冰岛	20.0%	1990	13689.67	10951.74	14831.48	16044.21
日本	3.8%	2005	1304183.69	1254624.71	1261627.94	1363161.38
哈萨克斯坦	15.0%	1990	375565.08	319230.32	298069.64	334127.00
列支敦士登	20.0%	1990	232.72	186.18	207.71	190.92
摩纳哥	30.0%	1990	99.31	69.52	81.78	66.51
新西兰	5.0%	1990	64573.82	61345.13	56372.51	64264.00
挪威	30.0%	1990	41279.43	28895.60	29588.66	28298.00
俄罗斯	15.0%	1990	3767791.97	3202623.17	2651212.00	2743000.00
瑞士	20.0%	1990	53356.64	42685.31	48038.14	46039.61
乌克兰	20.0%	1990	910617.10	728493.68	308640.74	429331.10
美国	17.0%	2005	6582317.34	5463323.39	5827722.72	5451000.00

数据来源：

1. 基准年和 2015 年温室气体排放数据信息来自 UNFCCC 网站，http://di.unfccc.int/time_series。

2. 2020 年排放量预测摘自缔约各方提交的两年报：白俄罗斯、美国预测数据来自第二次两年报（2016 年），加拿大、乌克兰预测数据来自第一次两年报（2014 年），其他缔约方数据来自第三次两年报（2018 年）。

＊所列目标为无条件减排目标或区间目标的下限。

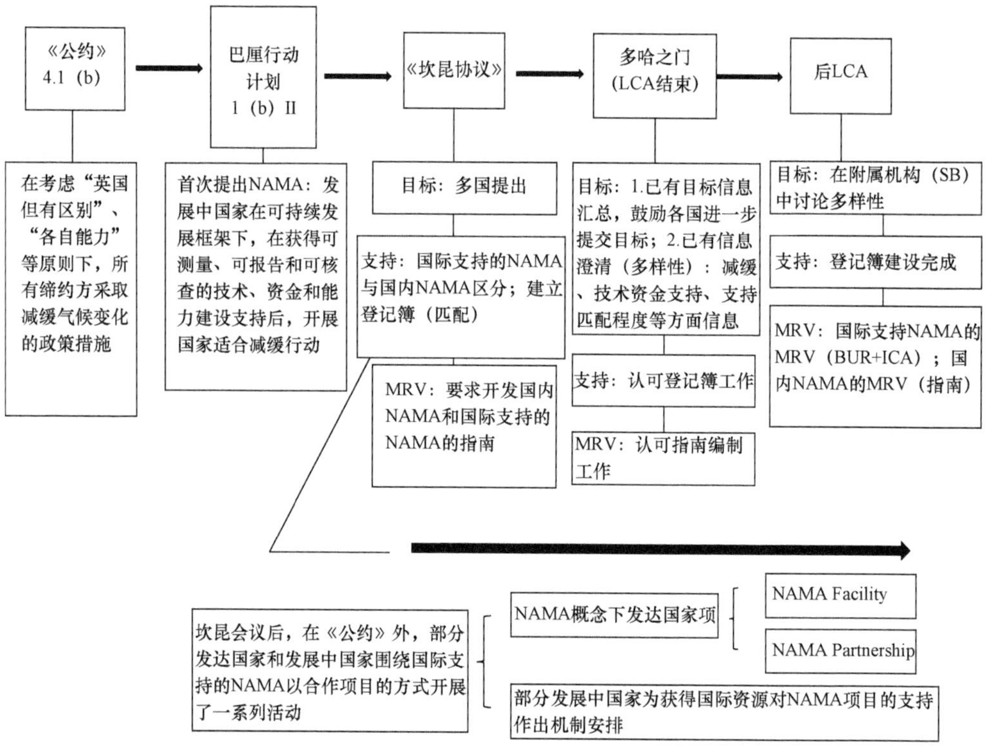

图 2-2 NAMA 在《公约》谈判中的沿革和 NAMA 项目的实施

（二）相关机制建设和实施进展

坎昆会议后，《公约》下 NAMA 体系建设在行动目标、发达国家提供支持以及对 NAMA 的 MRV 三个方面取得了很大的进展。

1. 发展中国家提交的 NAMA 目标

在哥本哈根和坎昆会议之后，发展中国家陆续自主提出各自不同的 NAMA，主要包括绝对量化目标、碳强度目标、偏离正常排放情景（BAU）目标、碳中和目标以及基于政策措施的非量化目标等类型。共有 48 个发展中国家提交了 NAMA 目标①，非洲集团、埃及、马拉维和斯威士兰等还于 2012 年提交了关于补充信息的提案②（见表 2-2）。

表 2-2 非附件 I 国家 NAMA

行动类型	国家	行 动 内 容
绝对量化减排	安提瓜和巴布达	到 2020 年在 1990 年的基础上减排 25%
	马绍尔群岛	到 2020 年在 2009 年的基础上减排 40%
	摩尔多瓦	到 2020 年在 1990 年的基础上减排至少 25%

① 参见 FCCC/AWGLCA/2011/INF. 1.

② 参见 FCCC/AWGLCA/2012/MISC. 2.

续表

行动类型	国家	行 动 内 容
偏离照常情景	巴西	到 2020 年与预测的照常情景排放量减排 36.1%～38.9%
	智利	到 2020 年与 2007 年预测的照常情景排放量减排 20%
	印度尼西亚	到 2020 年比照常情景排放量减少 26%
	以色列	到 2020 年比照常情景排放量减少 20%
	墨西哥	到 2020 年比照常情景排放量减少 30%
	巴布亚新几内亚	到 2030 年前比照常情景排放量至少减少 30%
	韩国	到 2020 年比照常情景排放量减少 30%
	新加坡	到 2020 年比照常情景排放量减少 16%
	南非	到 2020 年比照常情景排放量减少 34%
碳强度目标	中国	到 2020 年碳强度在 2005 年的基础上下降 40%～45%
	印度	到 2020 年碳强度在 2005 年的基础上下降 20%～25%
碳中和目标	不丹	保证碳排放量不超过碳吸收量
	哥斯达黎加	通过长期全经济范围内的转型实现大幅度偏离照常情景
	马尔代夫	到 2020 年实现碳中和

资料来源：根据 UNFCCC 相关文件整理（Decision 1/CP.16，UNFCCC/CP/2010/7/Add.1）。

信息澄清是发达国家在 NAMA 目标方面的重点关注内容。德班会议对附件Ⅰ国家的 NAMC（National Appropriate Mitigation Commitment，即全经济范围的减排承诺）和发展中国家的 NAMA 都提出了要求①，并作出了后续安排。决定 NAMA 方面的实质性内容包括鼓励尚未提交 NAMA 的非附件Ⅰ国家尽快提交 NAMA；鼓励已经提交了 NAMA 的国家提交能进一步澄清 NAMA 的相关信息，包括相关的假设条件和方法学、覆盖的行业和气体种类、所使用的 GWP 值、落实 NAMA 所要的支持需求以及测算出的相关减排量。事实上，发达国家对《坎昆协议》中各国提出的承诺或行动的信息澄清呼声不断提高。

对于附件Ⅰ缔约方，欧盟曾经提出过统一核算规则（Common Accounting Rules）的概念，希望所有提出承诺的附件Ⅰ国家对其承诺提供进一步细化的信息，包括承诺覆盖温室气体类型、覆盖部门范围、基准年排放数据计算方法、排放清单方法学、温室潜力值、LULUCF 方法学、国际交易核算规则、议定书结余指标使用规则等。尽管统一核算规则在附件Ⅰ国家内部都没有形成统一意见，但对讨论非附件Ⅰ国家 NAMA 的信息澄清产生了间接影响。当时，如何进一步澄清 NAMA 的相关信息从而能够更好地理解发展中国家行动的进展和实践的效果成为许多发达国家智库研究的重点领域。2012 年，非洲集团、埃及、马拉维、斯威士兰和以色列提交了 NAMA 信息。

事实上，在当前德班强化行动平台特设工作组（ADP）下的谈判中，华沙会议就

① 见德班会议相关决议（2/CP.17，Pra32～38）。

事前澄清国家自主贡献的相关信息对各国提出最新要求。发达国家对这一要求的解读是对减缓信息的澄清。这与坎昆会议后确定了发达国家全经济领域量化减排承诺（NAMC）和发展中国家 NAMA 后要求提供信息如出一辙。因此，分析研究坎昆会议后有关澄清信息的相关讨论，对 ADP 的谈判也具有现实意义。

2. NAMA 的国际支持

《坎昆协议》决定建立 NAMA 的登记簿系统，① 帮助发展中国家更好地寻求在资金、技术和能力建设等方面的国际支持，同时促进发达国家更有针对性地了解、支持发展中国家 NAMA 行动。NAMA 登记簿系统在德班会议上正式建立，② 并在后续的会议中不断完善。值得一提的是，NAMA 登记簿系统完全是基于自愿原则，并不与对 NAMA 的 MRV 挂钩。NAMA 登记簿系统是一个网络在线登记系统。发展中国家项目开发者向各缔约方政府的联系人提交项目需求，在经过发展中国家联系人审核后，可正式登记入册；发达国家政府、私营机构、非政府组织将可提供支持的信息通过系统登记入册。2012 年 9 月，马里和埃塞俄比亚成为首先向登记簿提交支持需求的国家。

截至 2019 年，已有 6 个国家提交了关于支持其 NAMA 相关项目准备工作的需求，15 个国家提交了关于支持其 NAMA 相关项目执行的需求。根据艾可菲咨询公司（Ecofys）的研究，目前有记录的 NAMA 行动来自 35 个国家，共 66 个项目，其中 21 个已提交至 UNFCCC 下的 NAMA 登记簿。现阶段，拉丁美洲开展的 NAMA 行动占总数的 50%，24%的 NAMA 行动倡议来自中东和非洲。许多 NAMA 项目已经发展到可以被进一步落实行动的阶段，例如墨西哥于 2013 年启动的可持续住房试点项目。

从行业分布来看，NAMA 在能源领域开展的数量最多，约占总数的 40%，其次是交通部门。工业部门的 NAMA 有所增加，目前已占总数的 11%。此外，虽然很多国家表示重视农林部门的 NAMA，但实际发起的项目非常少。

尽管目前寻求国际支持的 NAMA 行动都在项目层面上展开，但是这和清洁发展机制（CDM）有着本质的不同。虽然两者都是发展中国家获得发达国家支持后采取减排行动，但 CDM 项目是为了帮助发达国家履约，NAMA 项目则是属于发展中国家自主的减排行动。同时，国际支持的 NAMA 不限于项目，不需要通过在碳市场上买卖减排指标的方式实现对发展中国家减排行动的补偿。NAMA 需要在符合国家发展需求的前提下对全球温室气体减排作出贡献。因此，NAMA 的形式可以不局限于项目，也可以是政策措施，甚至是更长期的战略规划和研究项目。

在资金支持方面，由于不像 CDM 机制可通过市场行为吸引更多私营部门资金，NAMA 的资金来源主要是各国政府、双边渠道（例如德国和英国在多哈会议后建立国际 NAMA 促进项目）、发展银行和多边基金（例如绿色气候基金）。另外，还可以通过制度设计使公共资金撬动更多的私营资金。发达国家在支持发展中国家 NAMA 的准备和落实方面仍然存在差距。根据 Ecofys 的研究，2012 年 12 月前，用于 NAMA 的准备资金约为 1 亿美元。在为发展中国家筹集气候资金的问题上，除了 300 亿美元的快速

---

① UNFCCC Decision 1/CP. 16，Para. 61.

② UNFCCC Decision 2/CP. 17，Para. 45.

启动资金和 2020 年前 1000 亿美元的长期资金承诺外，还没有其他国际性承诺。现阶段，由于经济发展的不确定性，发达国家不愿进一步作出实质性承诺，因此动用私人部门资金支持 NAMA 显得更加重要。

3. NAMA 的 MRV

关于 MRV，根据坎昆会议的授权，《公约》谈判先后启动了对国际支持 NAMA 的 MRV 和国家独立执行的支持 NAMA 的 MRV 一般性指南的磋商。在国际支持 NAMA 的 MRV 方面，由于坎昆会议也启动了非附件Ⅰ国家两年更新报（BUR）和国际磋商与分析（ICA）的谈判，这两方面内容实际上已覆盖了国际支持 NAMA 的 MRV 问题。随着 BUR 和 ICA 谈判的完成，如何在 BUR 中报告国际支持的 NAMA 进展以及如何在 ICA 过程中评估国际支持 NAMA 的情况都在 BUR 和 ICA 的指南中有所涉及，事实上落实了坎昆会议要求制定国际支持 NAMA 的 MRV 指南的要求。①。在国家独立执行的支持 NAMA 的 MRV 方面，经过多次附属科技咨询机构（SBSTA）会议的磋商和谈判，各方最终在华沙会议上形成了国家独立执行的 NAMA 的 MRV 一般性指南。指南内容很少，强调国家自愿性以及各自国情，鼓励各国基于现有体系对 NAMA 进展进行记录。

华沙会议后，《坎昆协议》的大部分要求得到了落实，包括 NAMA 登记簿系统建设、ICA 机制安排、两年更新报指南制定等，但在针对 NAMA 的国际和国内 MRV 指南的制定方面尚没有进展。值得注意的是，《坎昆协议》对发展中国家减排没有法律约束，没有给出 NAMA 的详细定义，也没有规定到 2020 年偏离“照常情景”的减限排具体数量。

（三）NAMA 实施的情况

1. 发达国家参与 NAMA 实施的情况

目前，发达国家主要通过在《公约》外开展一系列活动对发展中国家 NAMA 的实施提供帮助。② 专注于 NAMA 的资金机制有两个，包括 NAMA 促进项目（NAMA Facility）和 NAMA 伙伴计划（NAMA Partnership）。③ 这两个机制启动时间不长，运

---

① 正如德班会议 ICA 相关决议（FCCC/CP/2011/9/Add. 1）指出的 ICA 指南与国际支持 NAMA 的 MRV 是相关的。(Recognizing that the guidelines for international measurement, reporting and verification referred to in decision 1/CP. 16, paragraph 61, correspond to the guidelines determined for the international consultation and analysis of nationally appropriate mitigation actions of developing country Parties).

② 尽管 NAMA 的概念到机制建设都是在《公约》下进行的，但近年来部分发达国家也在 NAMA 的概念下创立了相关国际机制和动议，在《公约》下的 NAMA 机制之外开展了一些旨在帮助发展中国家开展 NAMA 的支持活动。之所以称其为“《公约》外”的活动，是因为这些活动不是《公约》授权，尽管在其实施过程中，也会参考《公约》下 NAMA 登记簿上发展中国家注册的项目需求，但并不局限于《公约》下的支持需求。

③ NAMA Partnership (2012) The NAMA Partnership, available at http://www.namapartnership.org/.

行情况还需要进一步观察。

“NAMA 促进项目”由德国和英国在多哈会议上联合支持成立，承诺提供约 7000 万欧元支持 NAMA 项目。NAMA 促进项目的资金由德国复兴信贷银行（KfW）和德国国际合作机构（GIZ）负责管理。NAMA 基金邀请各 NAMA 项目提交项目建议书，经过多轮筛选，确定可支持的 NAMA 项目，并提出 NAMA 行动的落实方案。NAMA 促进项目对这一项准备工作提供评审资金。

“NAMA 合作伙伴关系”也是于 2012 年 12 月在多哈会议期间启动，旨在提高双边、多边以及其他组织活动的协作和互补、积累经验、推进对发展中国家准备和实施 NAMA 工作的支持。NAMA 合作伙伴关系的产生是因为尽管 NAMA 已成为讨论热点，但并没有明确的指南，也没有对 MRV、融资和可持续发展效益作用等方面严格的统一标准。因此，支持 NAMA 的潜在来源以及特定的机构，可以促进交流和沟通。

目前，合作伙伴关系主要展开包括融资、可持续发展、MRV 等三方面的工作。NAMA 合作伙伴关系计划在充分吸取相关经验特别是 CDM 经验的基础上，力争更多地将可持续发展纳入考虑。融资工作小组计划从界定 NAMA 资金来源和特定的融资措施开始，然后界定 NAMA 融资的最佳实施方案。这一工作的重点是融资的落实而不是科技支持和准备过程。MRV 小组的重点是发展 MRV 指标和方法论，并聚焦于独立的 NAMA 行动与国家温室气体 GHG 清单间的联系（如制定国家层面的 MRV）。

NAMA 合作伙伴关系的一个重要特点在于对可持续发展的关注。从目前的方案设计来看，鼓励 NAMA 行动方和资助方考虑相关项目或政策对相关发展中国家可持续发展的贡献。将项目可持续发展协同效应的 MRV 作为工作重点，是在这方面形成突破口的重要手段。

2. 发展中国家 NAMA 实施的情况

目前，发展中各国在将 NAMA 概念引入国家政策体系的意愿和进展并不相同。肯尼亚、印度尼西亚、智利、秘鲁和突尼斯等国根据自身特点和现行气候变化政策的需求，开展了较为深入的 NAMA 配套机制和政策框架建设工作。

（1）肯尼亚

肯尼亚的环境部、能源部（MOE）及气候变化秘书处共同致力于加快地热发电。肯尼亚地热发展的 NAMA 提案被囊括在 2013—2017 年国家气候转变行动计划中。其中，地热发电被视为发电行业减排潜力最大的方式。肯尼亚针对地热发电站的发展制定了明确的目标，并发布了重要的政策文件。但是，到 2030 年的额外减排目标 4500MW 仍然具有难度。牵涉到的私营部门和地热能发展公司（GDC），肯尼亚电力公司（Kengen），能源部（MOE）的管理、驱动这些部门发展的能力似乎是实现肯尼亚地热发电目标的最关键因素。肯尼亚的地热发电目标由其试点 NAMA 项目支持，具有可行性。

（2）印度尼西亚

在印度尼西亚，Ecofys 与国家政府、北苏门答腊省政府合作，为小规模可再生能源项目筹备财政充裕的 NAMA 提案，作为省内气候转变行动计划的一部分。利益相关方会议显示，政府对中小型可再生能源企业的电价补贴政策为鼓励这些设备提供了一个极强的推动机制，但是独立能源生产者（IPPs）仍面临一系列可能阻止项目成功启动与执行的障碍。对于私营部门，可用于消除障碍并改善投资环境的措施包括：股权融资（用于前期成本，如审查评估）；非能源债务融资（基于可期待的项目收益，目前对于许多项目开发者和银行是一项挑战）；传输基础设施的财政支持（一般开发者必须为其内部的联系付费，所以按照统一标准的补贴政策，会有更多的贫困项目可能不具备竞争力）。将在现有可再生能源政策以及解决特定障碍的基础上，研究这些方案，提出可支持的NAMA提案。

（3）智利

智利的NAMA提案重点围绕着金融机制和技术支持项目，以刺激工业和商业部门在自给可再生能源系统的投资。智利面临着满足其能源需求不断增长的巨大挑战。自给自足是具有吸引力的一项方案，因为大范围的可再生能源可以被使用，且零售能源价格相对较高，这使得可再生能源更有优势。这项NAMA行动由可再生能源中心（CER）推动并发展。可再生能源中心作为环境部的一个机构，旨在推动智利可再生能源的利用，由提出NAMA提案的减排团队和智利基金会支持。提案的草案于哥本哈根全球NAMA融资峰会发布，并提交给UNFCCC NAMA登记簿以寻求支持。

（4）秘鲁

秘鲁的NAMA提案是一项综合性方案，在国家更广泛的可再生能源战略背景下，扩大农业部门的废物转为能源行动的规模。环境部启动了这项NAMA工作，并且设立了包括农业部、能源部、生产和环境部的多部门生物能源委员会。NAMA将根据秘鲁三个地理区域的不同能源需求和能源生产潜力制定。为此，NAMA子项目需与当地政府和其他包括私营部门参与者、农民联合会、融资主体和NGO等利益相关集团协商。NAMA的主要组成是一种金融机制，一项能力建设项目和推动秘鲁可再生能源市场建立的意识。

（5）突尼斯

在突尼斯，国家环境局和环境部致力于建筑行业能源节约（能源效率和可再生能源）的NAMA行动。该NAMA旨在减少建造过程的化石燃料需求，尤其是用以加热和冷却建筑的化石燃料，其符合突尼斯国家能源战略，并基于现有的国家建筑部门的能源节约项目而发展。该NAMA解决建筑部门能源效率执行过程的关键障碍（财政、技术、知识屏障），并包括相应的解决行动和措施。同时，该NAMA还在实现更大的发展效益，包括创造能源科技和建筑行业的就业，以及减少国家对于化石燃料的依赖。下一步行动包括与利益相关者进行协商，建立一套金融机制和可测量、可报告、可核实（MVR）系统。

3. NAMA实施面临的挑战

第一，NAMA的定义仍不清晰。如前所述，《坎昆协议》对NAMA并没有给出明确的、具有实际操作性的定义。各国实际上可自主定义本国的NAMA行动。一些报告指出，应继续以“自下而上”的方式在各国开展NAMA的过程中对行动范围、定义等逐步完善，但在现阶段还是应该强调国家驱动和灵活方法的重要性。

也有专家认为，既然越来越多的国家认为NAMA具有应对气候变化和实现发展的双重功能，NAMA 的定义应该向受关注时间更长的发展问题取经，并充分认识 NAMA 在兼顾气候和发展两个领域行动中的价值。因此，在制定选择 NAMA 项目的标准时应充分考虑发展效益，这不仅有利于发展中国家更加积极主动地参与 NAMA，也有利于出资方提高通过 NAMA 提供支持的信心。

第二，支持 NAMA 实施的资金仍然显著不足。目前，发达国家承诺的 2010—2012 年每年提供 100 亿美元的快速启动资金周期已经结束，到 2020 年达到每年 1000 亿美元的长期资金由于没有具体的机制安排和监督机制，真正得到落实存在诸多困难和不确定性。另外，与 CDM 可吸引私营资金不同，NAMA 在现阶段还是以公共资金为主。因此，NAMA 项目的资金筹集问题是目前 NAMA 机制面临的最大挑战之一。另外，缺乏透明度也是 NAMA 融资的障碍之一。

NAMA 的实施需要可靠的气候融资，其资金需求规模应足以使减缓行动产生较大影响。绿色气候基金仍未进入实质性运行阶段，NAMA 促进项目的资金规模相对较小。随着 NAMA 试点项目数量的稳步增长，应将工作重点放在消除为减排行动投资的障碍上，包括为私营部门投资营造良好投资环境，吸引私营资金对 NAMA 的投资。

第三，NAMA 的透明度仍是很多缔约方的重要关切。坎昆会议提出的针对不同类型 NAMA 的 MRV 指南仍然在讨论中。各国均认为指南要务实、简单、不存在障碍，从而可以有效实施减排行动。采取 NAMA 行动的各方表示，需要针对不同类型的 NAMA 提出 MRV 的具体实例，增加互信，确保概念可信度。

有研究提出 NAMA 的 MRV 面临透明度、力度和可行性以及成本效益等四个方面挑战。尽管标准化的解决方案或许可以为一些 MRV 问题提供统一指导，但考虑到 NAMA 的多样性和发展中国家能力的差异，NAMA 的 MRV 体系应需要更多细节以及量身定制方案。

第四，NAMA 登记簿及相关机制仍待完善。NAMA 登记簿的原型已经启用。近年来，一些组织发表了总结 NAMA 发展实践和方法的工具和指南。从这些工具和指南的初步分析中可以发现，许多研究对国家 NAMA 发展的总体步骤取得广泛共识。但是，现在的重点是提供高级别的指导，许多重要议题都需要进一步的细化和考虑，如私营部门参与建立“利用和动员资金”、权衡 NAMA 的经济发展效益和减排力度以及使用模板的价值和局限性。

第三章 主要缔约方国家自主贡献目标及分析

一、国家自主贡献概念浅析

华沙气候大会在经过两周的艰难磋商后，各缔约方最终就德班平台下一步工作达成共识，其中最为重要的一项是邀请各国开始准备各自“预期的国家自主决定的贡献(Intended Nationally Determined Contribution)”，并尽早（2015 年第一季度）通报各方，同时授权德班平台工作组于 2014 年识别提交相关“贡献”时所需的信息。

（一）从“承诺”到“贡献”——国际气候体制从严格走向松散

气候变化是一个全球性问题，有效地应对气候变化需要各国家间紧密的国际合作，而确定每个国家需要承担的责任和相应的贡献一直是促进国际合作的关键。1992 年通过的《联合国气候变化框架公约》明确提出了“共同但有区别的责任”原则，为气候变化国际合作奠定了基础。此后的《公约》谈判进程就一直在为探索具体有效的合作模式而努力，人们对合作模式的理解也不断发生变化，这也反映在用于描述各方责任的具体用词的变化上。回顾《公约》20 年的谈判进程，此次“贡献”一词的使用意味着气候变化的国际气候体制逐渐从严格走向松散。

《公约》最早不仅明确了应对气候变化国际合作的目标和原则，还规定了各缔约方的相关承诺（commitment）来具体界定各方在应对气候变化问题上的责任，此处的“承诺”有着更多强制性义务的含义。《公约》指出，各国本着“共同但有区别的责任”以及具体的国情开展应对气候变化的行动，发达国家应率先应对气候变化及其不利影响，附件Ⅰ缔约方应采取措施限制人为温室气体排放并保护碳汇，以减缓气候变化，作为附件Ⅱ的发达国家缔约方①向发展中国家缔约方提供新的额外的资金和无害环境的技术支持。此后，1997 年的《京都议定书》进一步量化了附件Ⅰ缔约方的减排承诺，建立了附件Ⅰ国家温室气体排放的报告、审评和遵约审查模式。

然而，自从美国宣布拒绝核准《京都议定书》，整个气候变化进程就进入了一个低潮期，特别是发达国家开始逐渐回避“承诺”一词的使用，2007 年通过的“巴厘行动计划”就开始改用“承诺/行动”（commitment/ action）的表述。在 2009 年哥本哈根

① 附件Ⅱ缔约方包括：澳大利亚、奥地利、比利时、加拿大、丹麦、欧盟、芬兰、法国、德国、希腊、冰岛、爱尔兰、意大利、日本、卢森堡、荷兰、新西兰、挪威、葡萄牙、西班牙、瑞典、瑞士、英国及美国。

大会和2010年坎昆大会期间，相关用词又被改为“许诺”（pledges）。2011年启动新一轮谈判的德班平台授权则是使用了“加强行动”（enhanced action）来描述未来的国际合作。2013年在华沙，各方明确放弃了“承诺”一词的使用，而使用“贡献”（contribution）代替。用词上变化显而易见，目标的约束力不断被弱化，各方愈加倾向于灵活和松散的国际合作机制。

从20世纪70年代人们逐渐建立起气候变化科学认识以来，人类活动引起气候变化的证据越来越确凿，应对气候变化行动的重要性和紧迫性不断增强。然而，是什么原因使得气候变化国际体制从最开始的严格逐渐走向松散？首先，国际政治经济形势和温室气体排放格局发生了变化。“金砖国家”等新兴发展中国家经济增长势头强劲，而一些发达国家国内却面临很多社会经济问题，特别是2008年经济危机之后，发达国家承受了复苏经济的巨大压力，同时新兴发展中国家作为温室气体排放重要贡献者却并未承担量化的减排承诺，发达国家应对气候变化的意愿明显降低。其次，传统能源结构短期内不会发生根本性变化，应对气候变化技术还没有取得突破性进展，应对气候变化行动面临着技术、经济和社会各方面的困难，减缓气候变化信心不足。第三，减少温室气体排放对国家能源、工业、交通、建筑等重要部门影响很大，采取强制的减限排措施将削弱国家竞争力，应对气候变化的长期目标与国家发展的短期目标发生了冲突。因此，虽然应对气候变化的要求日益迫切，各国在“约束力”和“灵活性”之间都更倾向于“灵活性”，国际气候体制在缔约方的“推动”下走向松散。

此外，“贡献”一词的使用意味着各国的行动具有更强的自愿性质。虽然在谈判过程中，欧盟、小岛国、最不发达国家、环境完整性集团等提出《巴黎协定》应是适用于所有缔约方的新议定书，所有缔约方都应作出具有法律约束力的减排承诺，即仍希望建立一个相对严格的国际体制；但美国受其政治体制的影响，对于严格的具有法律约束力的协议一直持保留态度，提出《巴黎协定》应采取以具有法律约束力的条款和不具有法律约束力的条款相结合的模式；中国和一些发展中国家则指出，法律形式应符合《公约》的原则，并且最终由协议和承诺的内容来决定。

（二）“国家自主决定”——“自下而上”模式共识基本确立

“自上而下”的模式是《公约》进程初期所遵循的基本理念，即根据科学研究确定全球的减缓目标，“自上而下”地在各缔约方之间分配应对气候变化的责任，最终实现控制温室气体排放、减缓全球变暖的目标。《京都议定书》完整地体现了这一理念：规定在2008年至2012年间，附件Ⅰ缔约方温室气体排放总量应比1990年水平至少减少5%，在此目标下，欧盟、日本、加拿大、美国以及当时的东欧各国分担了相应的减排指标。因此京都模式也成为“自上而下”模式的另一个代名词。

然而，“自上而下”模式的实施并非一帆风顺，作为当时第一排放大国的美国拒绝核准《京都议定书》，给京都模式以沉重的打击，此后关于“自上而下”或“自下而上”的选择成为各界争论的焦点问题之一。尽管“自上而下”以目标驱动的方式界定各国的责任，更符合环境完整性的要求，但“自下而上”从国家角度确定各自的责任则更为务实和灵活。哥本哈根大会之后，“承诺＋审评”作为一种典型的“自下而上”

的模式逐渐开始为国际社会所接受和欢迎。在德班平台谈判进程中，越来越多的声音开始倾向于以“自下而上”模式设计《巴黎协定》，2013 年华沙会议决议中所强调的“贡献”的“国家自主决定”这一特征，进一步明确了“自下而上”模式在国际气候体制中的主角地位。

值得关注的是，尽管“国家自主决定”进一步确立了“自下而上”的模式，但从谈判角度而言，各国能否真正实现“国家自主决定”仍受很多因素影响，具有很大的不确定性。毕竟，国际气候变化政治进程的根本理念是在斗争中取得合作和共赢，对于广大发展中国家而言，能力上的不足往往可能使“国家自主决定”无法或难以完全实现。而另一方面，“国家自主决定”还可能成为发达国家逃避责任的理由。

(三)“预期的”——为后续“自上而下”评估的介入留下空间

如何在“自下而上”模式下，按照科学要求保证环境完整性是长久以来未能彻底解决的问题，也是国际气候谈判下一阶段要面对的核心问题之一在德班平台谈判进程中，已有多国提出通过开展事前磋商、事后审评和定期审评的方式来保证自主决定贡献能够同时满足公平和环境完整性的要求。如欧盟等缔约方提出：应对各国提交的“贡献”进行透明、有力、简单、灵活并且符合科学要求的评估，包括是否符合其责任和能力，减排贡献是否足以实现 2℃目标等，对此问题有关切的各方将依据评估结果决定是否要求该缔约方提高相关目标和力度。美国等缔约方则认为：应通过事前澄清、公开磋商的方式来调动各缔约方积极性，采取缔约方互相评议询问并对照全球温度目标分析各国贡献，再根据各自的评估结果自愿选择是否修改自己的贡献的办法。最不发达国家集团、非洲集团等提出：应根据最新的科学成果对各国承诺进行定期审评，以评估目标设定和措施实施的充分性。立场相近发展中国家集团则指出：如果各国自主决定贡献不足以满足环境完整性要求，发达国家需根据其历史责任和全球目标率先提高其目标和力度来达到总体目标要求，而不是通过针对所有缔约方的审评进程。

利用审评结果对缔约方“贡献”进行调整是目前国际气候体制中相对空白的领域，缔约方分歧较大。华沙会议决议中“国家自主决定的贡献”之前又加上了“预期的(intended)”这一修饰，指明各缔约方提交的“贡献”仅是基于其本身的预期，为后期调整各方“贡献”留出了空间。

(四)“共区”原则是否依然有效

发达国家和发展中国家在《公约》下的承诺不同，一直以来在谈判进程中也有明确的区分，例如发达国家的“国内适当的减排承诺/行动”和发展中国家“国内适当的减排行动”，而华沙会议决议只采用了“贡献”一词，没有继续在表述上明确体现出两大阵营的区别。

实际上，无论在原则层面还是实践层面，“共同但有区别”原则仍会作为《巴黎协定》的重要基础而继续存在。原则方面，考虑到历史责任和各自能力的不同，现有发达和发展中国家划分及相关的承诺规定仍然具有合理性和可行性，并且短时期内不会发生根本性改变，因此“共同但有区别”原则的基础仍然存在。在实施层面，“共同但有区别”原则可以很好地体现在“国家自主决定贡献”的制定、提交、确定和实施过程中。对于减缓排放方面的贡献，发达国家仍应继续采用相对于基年的全经济体减排量目标，而发展中国家则可依据本国国内现状和未来发展需求，选择一些相对灵活的贡献模式，如偏离照常情景（BAU）的减排目标、碳强度指标、行业部门指标、系统化的政策措施等，从形式和内容上区别于发达国家。除了减缓排放，发达国家的贡献还应包括其在资金和技术上的贡献，这不但是强化国际合作的基础，也是“共同但有区别”原则的重要体现。

华沙会议就“预期的国家自主决定贡献”所达成的共识，一定程度上奠定了《巴黎协定》的基调，是全球气候治理进程中重要的里程碑。

二、主要缔约方“国家自主贡献”的内容

（一）美国

2015 年 3 月 31 日，美国向《联合国气候变化框架公约》秘书处提交了国家自主贡献，其减缓目标为 2025 年在 2005 年的基础上温室气体排放总量下降 26%～28%，并将尽最大努力达到 28%。这相当于其在完成 2020 年 17%减排目标的基础上，到 2025 年时其排放量比 2020 年将进一步下降 11%～13%，相比 1990 年下降 14%～16%，人均温室气体排放下降到 15 吨/人左右。

美国以长期目标路径和年均减排速率为核心指标阐述了其目标的力度和公平性。美国已经采取了必要的政策措施保证实现 2020 年减排 17%的目标，为实现 2025 年减排 26%～28%的目标，还需要大幅加速温室气体的减排进程，年均减排速率将翻番，从 2005—2020 年的 1.2%增加到 2020—2025 年的 2.3%～2.8%。美方案同时强调其 2025 年减排目标力度和实现 2050 年减排 80%目标的路径相一致。若延续这一下降速率，美国在 2030 年则有望在 2005 年的基础上下降 36%～38%。如美国能完成 28%的减排目标，其 2025—2050 年的年均减排速率将进一步提升到 5%，即在 2020—2025 年的基础上再翻番，并有望实现 2050 年相对 2005 年减排 80%的目标。

美国也初步列举了实现减排目标所需的主要政策措施，重点梳理了《清洁空气法案》《能源政策法案》和《能源独立与能源安全法案》下与实现目标相关的具体行业目标和政策措施。自 2009 年，应对气候变化作为奥巴马总统的优先事项得到了大力推进，在机动车燃油经济性标准、建筑节能标准和氢氟碳化物（HFCs）替代品等领域取得了相当的进展。在此贡献目标执行期间，美国将进一步完善以及提高上述领域的相关标准，美环保局也在 2015 年夏季敲定了新建电厂的排放标准。此外，在联邦层面，奥巴马政府将通过提高联邦建筑能效和可再生能源消费比例推动实现联邦政府 40%的减排目标。尽管美国加州以及东北部多个州在碳排放交易领域已经取得一定进展，但贡献方案明确指出美国实现 2025 年相比 2005 年减排 26%～28%的目标将不会利用国际市场机制的相关减排量。欧盟提出的 40%无条件减排目标同样不包括国际市场机制的使用。考虑到欧美均计划依靠国内减排实现目标，这在一定程度上削弱了对国际碳

市场的需求。

26%～28%的减排力度并未超出国际社会预期，美国实现目标的难度相对不大。尤其是最近几年，气候变化作为奥巴马总统的优先事项得到了大力推进，在提高建筑能效和发展可再生能源领域也取得了相当的成效。在州政府层面，加州以及东北部十几个州在碳排放交易领域作出了有益的探索；在联邦层面，奥巴马政府通过督促环保局出台电厂排放标准、提高联邦建筑能效和可再生能源比例等也已付出了切实的努力。但是，奥巴马任期结束后，美国应对气候变化的行动力度、政策的延续性等都面临着更大的风险和压力。因此，美国的新目标虽然看似“触手可及”，但实际上却存在较大的不确定性。

美国国家自主贡献信息摘要见表 3-1。

表 3-1　美国国家自主贡献信息摘要

提交时间			2015.03.31
减缓	目标年		2025
	基准年		2005
	目标		减排 26%～28%，并努力减排 28%
	远期目标		2020 年后全经济范围深度减排，到 2050 年减排 80%
	温室气体		CO_2，CH_4，N_2O，HFCs，PFCs，SF_6，NF_3
	行业部门		所有 IPCC 部门
	相关假设及核算方法	假设	/
		方法学及相关参数	GWP：IPCCAR4 将考虑未来的 IPCC 结果
		土地部门核算	对于土地部门采用 net-net 方法，对于木材产品的排放核算采用与 IPCC 指南一致的“产出法”；并利用 IPCC 指南的方法学排除自然干扰
	国际市场机制的减排量		目前不计划使用国际市场机制下的减排量
适应，资金，技术，能力建设			/
公平和力度			美国已经采取了实质性的减排政策和行动，为实现 2020 年目标作出了必要的努力。为了实现 2025 年目标，美国将加速现有的温室气体减排，在 2020 年基础上进一步减排9%～11%，将温室气体排放年下降率翻番至 2.3%～2.8%。 美国的 2025 年目标与全球脱碳路径一致，并且与到 2050 年减排 80%以上的目标一致
实施计划及相关信息			预期的国家自主贡献（INDC）的制定考虑到了现有的一系列与减排相关的法律法规和其他国家强制措施。许多法律以及现有和计划的法规与美国目标的实施相关，包括清洁空气计划、能源政策行动以及能源独立和安全行动。 未来美国还计划制定新建和已有电厂的碳排放标准、制定 2018 年之后的重型汽车燃油经济性标准、制定垃圾填埋场和油气部门的甲烷排放标准和减排 HFCs 的新政策，并继续减少建筑部门的排放

（二）欧盟

2015 年 3 月 6 日，欧盟的常设执法机构欧盟委员会（以下简称“欧委会”）向《公约》秘书处提交了国家自主贡献目标，承诺到 2030 年在 1990 年的排放水平上减排 40%。2015 年 2 月，欧盟还发布了关于新协议的立场文件，强调新协议应明确到 2050 年相对 2010 年减排至少 60%的长期全球减排目标。希望各方在此基础上依据动态变化的责任、能力和国情，提出明确的、具体的、有力度的、公平的、具有法律约束力的减缓承诺。提出绝对减排目标的缔约方应继续保持并保证目标力度不后退，尚未提出绝对减排目标的 G20 国家和其他中高收入国家应不晚于 2025 年提出绝对减排目标，鼓励其他新兴经济体和中等收入国家不晚于 2030 年提出相应目标。还指出新协议应采取议定书的形式，并论述了每五年开展一次力度审评的机制设想。能源部门是实现减缓气候变化目标的关键，发展可再生能源方面，欧委会提议到 2030 年至少 27%的占比目标，但是并没有制定每个成员国的约束性目标，而是给予各成员国一定的灵活性。欧委会提议，2030 年可再生能源必须从现在的国家驱动转向市场驱动，与碳排放交易机制紧密配合并完成目标。由于欧盟碳排放交易市场供过于求，导致碳价持续低迷。因此，2030 年目标计划对碳排放交易市场进行改革，欧委会提出建立“市场稳定储备”以提高应对市场冲击和价格波动的抵抗力和稳定性。

虽然欧盟在文件中强调 40%的减排目标是与可能实现 2℃温控目标的排放路径和实现欧盟 2050 年减排 80%目标的成本有效路径相一致的，并试图以此证明其贡献的力度和公平性，但与 IPCC 第四次评估报告要求的 2020 年相对 1990 年减排 25%～40%以及最新的 IPCC 第五次评估报告提出的 2030 年相对 2010 年减排 50%以上的要求相比，欧盟贡献的力度及公平性仍显不足。

欧盟国家自主贡献信息摘要见表 3-2。

表 3-2　欧盟国家自主贡献信息摘要

<table>
<tr><td colspan="3">提 交 时 间</td><td>2015.03.06</td></tr>
<tr><td rowspan="10">减缓</td><td colspan="2">目标年</td><td>2030</td></tr>
<tr><td colspan="2">基准年</td><td>1990</td></tr>
<tr><td colspan="2">目标</td><td>国内减排至少 40%</td></tr>
<tr><td colspan="2">远期目标</td><td>/</td></tr>
<tr><td colspan="2">温室气体</td><td>CO_2，CH_4，N_2O，HFCs，PFCs，SF_6，NF_3</td></tr>
<tr><td colspan="2">行业部门</td><td>全经济范围，涵盖 100%排放量</td></tr>
<tr><td rowspan="3">相关假设及核算方法</td><td>假设</td><td>/</td></tr>
<tr><td>方法学及相关参数</td><td>《2006 年 IPCC 国家温室气体清单指南》。
《2013 年 IPCC 京都议定书补充条款》。
GWP：IPCC AR4</td></tr>
<tr><td>土地部门核算</td><td>土地部门核算方法将尽快确定，不晚于 2020 年</td></tr>
<tr><td colspan="2">国际市场机制的减排量</td><td>不使用国际市场机制下的减排量</td></tr>
<tr><td colspan="3">适应，资金，技术，能力建设</td><td>/</td></tr>
</table>

续表

提 交 时 间	2015.03.06
公平和力度	这一目标显著体现了欧盟在其现有的2020年目标上的连续性，并且与IPCC所要求的发达国家到2050年比1990年水平减排80%～95%的目标相一致。此外，也与到2050年全球排放至少1990年减少50%的要求相符。欧盟及其成员国的温室气体排放在1979年达到峰值，目前已经在1990年水平上减少温室气体排放19%，同期实现了44%的经济增长。欧盟的人均排放从1990年的12吨CO_2 eq减低至2012年的9吨CO_2 eq，到2030年预测为6吨CO_2 eq
实施计划及相关信息	欧盟及其成员国呼吁其他缔约方，特别是主要经济体在2015年3月提交INDC，以促进其明确性、透明度和可理解性。要求《公约》秘书处在网站上公布欧盟的INDC并在准备综合报告时考虑到各缔约方的总力度。欧盟及其成员国期待与其他缔约方在实现2℃温控目标的背景下讨论各自INDC的公平和力度，并促进各方提高力度

（三）澳大利亚

澳大利亚于2015年8月11日向《公约》秘书处提交了预期的国家自主贡献（INDC），承诺到2030年在2005年的基础上减排26%～28%，目标是无条件的，将根据情况努力实现28%的减排目标。澳大利亚的减排目标涵盖所有的温室气体排放部门和《京都议定书》管控的温室气体种类。若在《巴黎协定》下确定最终目标的过程对澳大利亚目标有实质性的影响，澳大利亚保留调整目标的权利。澳大利亚认为其减缓目标是公平、有效且负责任的，2020年后其温室气体减排速率将较之前翻番，与2005年相比，到2030年澳大利亚的人均排放将下降50%～52%，单位GDP排放将下降64%～65%。这一目标将使澳大利亚向更稳定的减排路径转型。此外，澳大利亚在目标实施计划中指出将在2015年制定国家气候抵御力和适应战略。

2013年，澳大利亚温室气体排放量约为5.4亿吨二氧化碳当量，约占全球排放1%。其中能源部门排放占75.8%，工业生产过程排放占6%，农业占16%，废弃物占2%，土地利用、土地利用变化和林业（LULUCF）产生400万吨二氧化碳当量碳汇；人均温室气体排放约为23.2吨二氧化碳当量，在附件Ⅰ国家中属于较高水平；单位GDP温室气体排放约为4.7吨二氧化碳当量/万美元。澳大利亚在《坎昆协议》下承诺了到2020年比2000年减排5%的无条件目标，这相当于比2005年减排13%。澳大利亚的减排政策措施包括建立减排基金（Emissions Reduction Fund）以提供减排动力并避免排放增长、制定可再生能源发展目标、制定国家能源生产和提高能效计划等。

与此前的2020年无条件减排目标相比，澳大利亚的新目标进一步提高了减排的力度，但与此前承诺的有条件的2020年减排目标相比，2030年减排目标力度并没有实质性的提高。澳大利亚承诺在一定条件下，到2020年将在2000年水平基础上减排5%以上、15%或25%，相当于比2005年减排13%以上、22%或31%，① 最高目标显著高于刚刚承诺的2030年目标。

与其他国家相比，土地部门（包括农业和LULUCF）对澳大利亚温室气体排放有更大影响，是重要的温室气体排放来源，澳大利亚对相关部门的核算方法特别重视。然而，土地部门温室气体源/汇计算的不确定性较大，且目前国际气候机制下土地部门核算方法尚未统一，未来谈判的相关成果将可能对澳大利亚目标力度产生显著的影响，在规则有利的情形下，甚至存在不需要额外努力即可实现减排目标的可能性，当然，也可能大大增加实现目标所需努力。因此，澳大利亚在国家自主贡献文件中强调了核算方法的重要性和要求保留调整目标的权利。

澳大利亚在2015年提交的2013年国家温室气体清单中对基年数据作出了较大的调整，显著降低了其目标力度。如表3-3所示，2005年温室气体排放量增幅接近10%。

表3-3 澳大利亚2013年国家温室气体清单中基准年排放数据调整

年份	包括LULUCF排放量（亿吨 CO_2 eq）			不包括LULUCF排放量（亿吨 CO_2 eq）		
	此前评估	最新数据	调整幅度	此前评估	最新数据	调整幅度
2000	5.1	5.5	8.1%	4.9	5.0	1.5%
2005	5.5	6.0	9.6%	5.2	5.3	1.6%

澳大利亚新目标的减排力度遭到了一些批评，被指新目标仅相当于比1990年减排20%，显著落后于欧盟减排40%的目标，并且与全球实现2℃温控目标的要求不符。

澳大利亚国家自主贡献信息摘要见表3-4。

表3-4 澳大利亚国家自主贡献信息摘要

提交时间		2015.08.11
减缓	目标年	2030
	基准年	2005

① 澳大利亚实施更有力度目标的条件包括：

（1）实施高于5%的目标需要充分的行动透明度，发达经济体承诺可比目标，中国和印度承诺可以核实的减排量，并需要在一个有力的全球协议下实施，美国、中国、印度等主要排放国需承诺可以核实的国内减排行动，同时还需要对国际市场机制的假设及核算作出澄清；（2）实施15%减排目标需要全球行动确保能使大气温室气体浓度稳定在510～540ppm之间，先进经济体总体减排力度比1990年低15%～25%，在有力的国际资金和技术合作框架下主要发展中国家作出实质性的、可测量、可报告、可核实的减排承诺，并且土地部门和国际市场机制的谈判取得进展；（3）实施25%减排目标需要全球行动确保大气温室气体浓度稳定在450ppm，制定明确的全球排放达峰路线图（2020年达峰），主要发展中国家放慢发展速度减缓排放（到2020年比照常情景低至少20%），其他先进的经济体承诺与澳大利亚可比的减排目标（比1990年减排至少25%），建立广泛有效的国际市场机制。

续表

提交时间			2015.08.11
减缓	目标		到2030年比2005年减排26%～28%
减缓	远期目标		/
减缓	温室气体		CO_2，CH_4，N_2O，HFCs，PFCs，SF_6，NF_3
减缓	行业部门		能源，工业过程和产品使用，农业，土地利用、土地利用变化和林业；废弃物。100%排放
减缓	相关假设及核算方法	假设	/
减缓	相关假设及核算方法	方法学	《2006年IPCC国家温室气体清单指南》和《国家温室气体清单不确定管理最佳实践》 GWP：IPCC AR4
减缓	相关假设及核算方法	土地部门核算	澳大利亚倾向于采用基于UNFCCC清单报告类别的核算方式，采用net-net方法。澳大利亚将采用IPCC指南来处理自然波动和变化。《巴黎协定》下的核算规则应该能够确保减排量是真实的并且避免双重计算，涵盖所有部门的减排
减缓	国际市场机制的减排量		/
适应，资金，技术，能力建设			澳大利亚政府将在2015年制定国家气候抵御力和适应战略
公平和力度			澳大利亚的INDC是在实现2℃目标下的公平、有效并且负责任的目标，与2020年目标（相当于比2005年减排13%）相比有显著的进步；为实现这一目标，澳大利亚减排速率需要翻番，并显著降低澳大利亚的人均排放和单位GDP排放强度。与2005年相比，到2030年澳大利亚人均排放将降低50%～52%，单位GDP排放强度将下降64%～65%；INDC考虑了澳大利亚独特的国情，包括人口和经济增长、世界主要的资源供应者、目前的能源基础设施以及较高的减排成本。这一目标使澳大利亚在全球行动和技术进步的背景下转向了一个更稳定的减排路径
实施计划及相关信息			如果条件允许，将实现28%的减排目标，将会考虑技术成本等减排因素。澳大利亚保留调整目标和参数的权利

（四）日本

日本于2015年7月17日向《公约》秘书处提交了预期的国家自主贡献（INDC），预计2030年排放量约为10.42亿吨二氧化碳当量，即2030年在2013年的基础上减排26%，相当于在2005年的基础上减排25.4%，与2020年在2005年的基础上减排3.8%的目标相比大幅提高。受2011年日本东部大地震以及福岛核电站事故的影响，日本于2014年开始着手制定全新的能源战略规划。日本此次提交的INDC也是在最新发布的2030年《长期能源供应与需求预测》基础上，与国内多个政府部门协调平衡而最终敲定的。日本通过大力提高本已处于国际领先水准的能效水平、进一步降低单位GDP排放强度和人均排放量等指标论证其行动力度，强调其目标与IPCC第五次评估报告中的长期目标要求相一致，并详细列举了相关行业和部门的减排目标、政策和措施，认为其减排目标是公平、透明、有效且有力度的。但日本在目标实施计划中并未涉及适应、资金、技术、能力建设等要素。

2013 年，日本的单位 GDP 温室气体排放约为 2.9 吨 CO_2eq/万美元，人均温室气体排放约为 11 吨二氧化碳当量，全国总能效水平约为 95 吨标准油/百万美元。这些数据在全球范围内都处于领先水平。根据新的减排目标，在较高的减排边际成本下，日本将采取进一步减排政策和措施，上述指标将在 2030 年进一步提升 20%～40%，充分显示其减排力度。然而，与其提出后又被调整的 2020 年目标（比 1990 年降低 25%）相比，本次 2030 年减排新目标（比 1990 年降低 18%①）仍有所保留。

日本在制定 INDC 的过程中与工业、环境、自然资源与能源以及公众等诸多利益相关方进行了协商，特别是与日本经济产业部 2015 年 7 月 16 日发布的 2030 年《长期能源供应与需求预测》充分结合，提出的减排目标在国内已形成了基本共识，有利于减排目标的落实。根据预测，2030 年日本电力供应结构中可再生能源占比为 22%～24%，核能 20%～22%，煤炭 26%，天然气 27%，石油 3%。与其他国家相比，高占比的核能与可再生能源（合计 44%）成为达成减排目标、构建低碳社会的重要保证。然而，尽管核能占比与日本福岛核电站事故之前将近 30%的数据相比有所下降，但依然突破了民众出于核能安全考虑而作出的低于 20%的预期，可以预见该能源战略在实施落地时必将面临较大挑战。

报告中提出了详细、具体的行业减排目标、政策和实施措施，是日本国家自主贡献的亮点。总体而言，日本的减排政策和措施包含三大部分：控制温室气体排放、增加碳汇以及利用联合减排机制（JCM）。控制温室气体排放包括：能源领域各行业二氧化碳（工业、商业、住宅、交通、节能、交叉部门）、非能源领域二氧化碳、甲烷、氮氧化物、含氟气体的减排。联合减排机制（JCM）是日本建立的通过向发展中国家提供低碳技术、产品、系统、服务、基础设施以及方案实施，减少发展中国家温室气体排放，从而取得减排量的国际间联合减排机制，预计 2030 年日本可通过 JCM 获得 0.5 亿～1 亿吨减排量。

此次日本提出 2030 年新目标的减排力度遭到了一些研究机构的质疑。气候行动追踪机构（Climate action tracker）认为日本的减排目标不足，如果考虑现行的减排政策，日本无需采取新的减排措施就可以毫无压力地取得既定目标。清洁技术组织（Clean Technica，CAT）② 则认为随着日本越来越依赖于煤炭火电供应，INDC 中的低碳能源供应（包括可再生能源和核能）只能实现 42%～45%，因此怀疑其能否实现既定减排目标。

日本国家自主贡献信息摘要见表 3-5。

---

① The Climate Action Tracker. [EB/OL]. http://climateactiontracker.org/countries/japan.html.

② Sandy Dechert. Big Letdown From A Top Emitter: Japan's Tardy INDC [EB/OL]. https://cleantechnica.com/2015/07/21/big-letdown-top-emitter-japans-tardy-indc/.

表 3-5　日本国家自主贡献信息摘要

提交时间			2015.07.17
减缓	目标年		2030
	基准年		2013/2005，2013 为主
	目标		到 2030 年比 2013 年减排 26%（相当于比 2005 年减排 25.4%）
	远期目标		日本认为其目标与 IPCC AR5 中设定的目标保持一致，即到 2050 年，全球减排 50%，发达国家减排 80%，确保温升两度以内
	温室气体		CO_2，CH_4，N_2O，HFCs，PFCs，SF_6，NF_3
	行业部门		能源，工业过程和产品使用，农业，土地利用、土地利用变化和林业，废弃物
	相关假设及核算方法	假设	/
		方法学	《2006 年 IPCC 国家温室气体清单指南》 GWP：IPCC AR4
		土地部门核算	LULUCF 的核算与《京都议定书》中的方法一致
	国际市场机制的减排量		联合减排机制（Joint Credit Mechanism）：减排目标设定时并未涉及，但将被纳入国家减排量核算中
适应，资金，技术，能力建设			/
公平和力度			日本的 INDC 提供了主要部门的具体减排政策和措施分类，认为只有提供具体、透明的行业层面的政策和措施，才能确保公平有效的减缓行动。 与此前提出的 2020 年比 2005 年减排 3.8%目标相比，日本的 2030 年新目标大幅度提高至 25.4%（比 1990 年降低 18%）。同时，为论证其目标力度的充分性，日本还提出将大力提高已处于国际领先水平的能效水平，进一步将单位 GDP 排放强度和人均排放量降低 20%～40%
实施计划及相关信息			日本与诸多利益相关方切磋协商，结合 2030 年《长期能源供应与需求预测》，最终形成其国家自主贡献方案。 具体实施信息包括：能源领域中各行业二氧化碳（工业［钢铁、化工、陶瓷石器及粘土制品、造纸等］、商业、住宅、交通、节能及交叉行业），非能源领域二氧化碳、甲烷、氮氧化物、含氟气体的减排目标和减排政策与措施，以及 LULUCF、JCM 中的相应量核算

（五）挪威

挪威于 2015 年 3 月 27 日向《公约》秘书处提交了国家自主贡献（INDC），承诺到 2030 年在 1990 年的基础上至少减排 40%，这一减排目标将被转换为 2021—2030 年的碳预算，挪威希望到 2050 年实现碳中性。挪威将会希望通过欧盟及其成员国集体承诺声明的方式来完成这一目标，但如果最终欧盟内部无法达成一致，挪威仍将独立完成这一目标。

挪威的目标与 IPCC 第五次报告提出的到 2050 年全球排放减少到 2010 年的 40%～70%一致，因此，挪威承担了公平的责任，体现了作为发达国家的领导力。遵循成本有效原则制定的按地区的减排努力分配方案（IPCC WGⅢ，Table 6.4），挪威的目标远高于OECD国家应承诺的目标。

为了确保目标的顺利完成，挪威也已向国会提交了白皮书，其中包括了减排目标及实施行动等内容。挪威将继续执行有力的国家气候政策，其中优先努力领域包括：

（1）减少交通部门的排放；

（2）工业部门的低碳技术发展；

（3）碳捕获和封存技术发展（CCS）；

（4）可再生能源发展；

（5）环境友好航运发展。

挪威作为第三个提交INDC的国家，在一定程度上显示挪威应对气候变化的积极性，其减排目标与欧盟减排40%的目标一致。有评论认为该目标应该更加进取。

挪威国家自主贡献信息摘要见表3-6。

表3-6 挪威国家自主贡献信息摘要

提交时间			2015.03.27
减缓	目标年		2030
	基准年		1990
	目标		到2030年相对2009年水平减排至少40%
	远期目标		2050年达到碳中性
	温室气体		CO_2，CH_4，N_2O，HFCs，PFCs，SF_6，NF_3
	行业部门		能源，工业和产品使用，农业，土地利用、土地利用变化和林业，废弃物
	相关假设及核算方法	假设	/
		方法学	《2006年IPCC国家温室气体清单指南》。 GWP：IPCC AR4
		土地部门核算	与欧盟磋商后确定。 核算方法的变化将不会影响到挪威的减排雄心，挪威将考虑《京都议定书》的相关规定
	国际市场机制的减排量		除欧盟碳排放交易外无其他国际市场机制减排量
适应，资金，技术，能力建设			/
公平和力度			挪威的目标与IPCC第五次报告提出的到2050年全球排放减少到2010年的40%～70%一致，因此挪威承担了公平的责任，体现了作为发达国家的领导力。 遵循成本有效原则制定的按地区的减排努力分配方案（IPCC WGⅢ，Table 6.4），挪威的目标远高于OECD国家应承诺的目标
实施计划及相关信息			国会于2015年3月24日决定挪威将与欧盟对话，讨论到2030年至少减排1990年的40%的事项，以在巴黎气候会议之前提供更多信息。 挪威将继续执行有力的国家气候政策，优先领域包括：降低交通部门的排放、工业领域低碳技术、碳捕获和封存技术、可再生能源、航运等

（六）中国

2015年6月30日，中国政府向《公约》秘书处提交了应对气候变化国家自主贡献文件——《强化应对气候变化行动——中国国家自主贡献》（以下简称“自主贡献”），提出了二氧化碳排放2030年左右达到峰值并争取尽早达峰、单位GDP二氧化碳排放比2005年下降60%～65%、非化石能源占一次能源消费比重达到20%左右、森林蓄积量比2005年增加45亿立方米左右等，2020年后强化应对气候变化行动目标以及实现目标的路径和政策措施。这不仅是中国作为《公约》缔约方完成的规定动作，同时也是中国政府向国内外宣示中国走以增长转型、能源转型和消费转型为特征的绿色、低碳、循环发展道路的决心和态度。

1. 自主贡献有助于推动全球应对气候变化进程

中国的自主贡献是根据公平、“共同但有区别的责任”和“各自能力”等《公约》原则以及考虑了发展阶段、现实能力等国情提出的，将有力推动全球应对气候变化进程。

达峰承诺为全球温室气体达峰创造了条件，使得全球2020—2030年期间达峰存在可能。实现全球2℃温升控制目标是《公约》各缔约方达成的政治共识，根据IPCC第5次评估报告和众多国际智库的研究，将2030年全球温室气体排放控制在2010年排放水平的60%～100%的范围内是实现这一目标的重要条件，它表明全球温室气体排放需要在2020—2030年期间达峰。中国是全球第一大碳排放国，在过去一个时期内，全球温室气体排放增量较大部分来自中国。中国政府宣布二氧化碳排放在2030年左右达到峰值并争取尽早达峰，为全球温室气体排放达峰的进程提供了有力支撑，可以推动发达国家进一步提高减排力度，吸引更多的国家采取切实可行的减排行动，使得全球2020—2030年期间温室气体排放达峰的可能性大幅提高。

提高非化石能源比例是能源低碳转型的实际行动，有助于加快全球能源系统的低碳化进程。中国是世界第一能源消费大国，且煤炭在能源消费中占主导地位，2014年能源消费总量高达42.6亿吨标准煤，约占全球的四分之一，煤炭消费占全球的一半以上。如果到2030年非化石能源比例达到20%，意味着2015—2030年的16年期间，非化石能源比例将提高8.8个百分点，净增加非化石能源约8亿吨，按照每增加1亿吨标准煤非化石能源相当于少排放2.5亿吨二氧化碳计算，这意味着每年少排放近20亿吨二氧化碳。这一目标的实施还加快了包括核能、可再生能源在内的非化石能源开发利用步伐，为非化石能源技术的创新与发展提供广阔的市场，推动包括中国在内的全球能源转型，有助于加快最终实现非化石能源取代化石能源的进程。

中国实现自主贡献目标将促使发展路径创新，为其他发展中国家实现绿色、低碳、循环发展提供借鉴。从发达国家经济发展的历史过程看，没有一个国家是在工业化、城镇化过程中同时面临绿色低碳转型任务，发展低碳经济的概念是在发达国家均完成了工业化、城镇化后才出现的。中国目前正处在工业化、城镇化中后期，如能在此过程中实现发展路径创新，走出一条绿色低碳的发展道路，将为其他尚处在工业化、城镇化初期或尚未开始工业化的发展中国家提供有益借鉴，为各国协调处理好发展经济和应对气候变化的关系作出表率。

2. 自主贡献彰显了中国政府应对气候变化行动力度

中国仍是一个发展中国家，正处在工业化、城镇化的过程中，面临着发展经济、消除贫困、改善民生、保护环境、应对气候变化等多重挑战。中国的自主贡献是在充分考虑自身国情、发展阶段和现实能力以及发展中大国国际责任担当的前提下提出的，反映了中国应对气候变化的最大努力，完全符合《公约》对发展中国家缔约方的要求。即使与有关发达国家相比，中国的自主贡献也是有力度的。

按实现峰值的发展阶段比较，中国实现峰值比发达国家早，人均排放水平低。从各国达峰时的人均 GDP 水平来看，欧盟是在 2 万美元（2005 年不变价，下同）左右实现稳定达峰，美国是在 4 万美元左右刚刚达峰且不稳定，有些发达国家在 5 万美元时仍未达峰。中国政府预计到 2050 年左右实现全面现代化，2030 年左右中国达峰时仍是一个发展中国家，人均 GDP 在 1 万美元左右。从各国达峰时的人均排放来看，美国、德国和英国的人均水平分别为 19.5 吨、14.1 吨和 11.3 吨，而据测算中国达峰时人均排放不会超过 10 吨。这表明中国自主贡献的峰值目标是有力度的。

按不同时期的碳强度指标比较，中国碳强度下降率比大多数发达国家要快。中国的自主贡献要求碳排放强度到 2030 年比 2005 年降低 60%～65%，意味着 2005—2030 年期间碳强度年均下降率必须维持在 3.6%～4.1%。美国和欧盟 1990 年以来的碳强度年均降幅都约为 2.3%，低碳转型表现突出的英国和德国也仅为 3%和 2.5%。根据经合组织的经济预测分析，美国如果能实现 2025 年相比于 2005 年温室气体下降 26%～28%，其年均碳强度下降率约为 3.5%～3.6%，欧盟如果能实现 2030 年相比于 1990 年温室气体下降 40%，2005 年后年均碳强度下降率约为 3.2%。这表明作为一个发展中国家，即使和发达国家相比较，中国自主贡献的碳强度目标也是有力度的。

按非化石能源消费量比较，中国的增长量更大。2005—2030 年，非化石能源比重将从 7.4%提高到 20%。到 2030 年，即使中国能源消费总量控制在 60 亿吨标准煤以内，非化石能源消费量仍要达到 12 亿吨标准煤，将比 2005 年增加 10 亿吨标准煤以上。欧盟计划到 2030 年可再生能源占比达到 27%，比中国高 7 个百分点，但从实际增量看，非化石能源消费量增量比 2005 年仅增长 4 亿吨标准煤左右，比中国少了约 6 亿吨标准煤。这表明，中国非化石能源消费的发展目标也是有力度的。

3. 自主贡献符合中国生态文明建设的客观需要

积极应对气候变化，是中国政府的一贯立场。不论是“十一五”期间提出的“走新型工业化道路”“建立两型社会”，还是新时代建设“生态文明”“美丽中国”，都把应对气候变化作为一项重要任务纳入了国民经济中长期发展规划。自主贡献反映了中国应对气候变化一贯的政策和行动，体现了中国政府实现绿色低碳发展转型的决心，顺应了人民对“碧水蓝天”的渴望和建设“美丽中国”的期待。

自主贡献是中国政府应对气候变化一贯政策的延续。为了应对气候变化、控制温室气体排放，中国政府先后把提高非化石能源比例、降低单位 GDP 能源强度和碳强度作为国民经济发展的约束性指标。到 2014 年底，非化石能源在一次能源中占比由 2005 年的 7.4%上升到 11.2%，单位 GDP 能耗较 2005 年下降了 29.9%，单位 GDP 二氧化碳排放较 2005 年下降了 33.8%。2014 年非化石能源消费总量达到 4.8 亿吨标准煤，是

2005 年的 2.5 倍，2005—2014 年期间形成节能能力 13.1 亿吨标准煤。预计 2020 年非化石能源比例将提高到 15%，单位 GDP 碳强度较 2005 年下降 40%～45%，为我国实现自主贡献所提出的 2030 年各项目标奠定了坚实的基础。

自主贡献可以形成发展转型的倒逼机制。实现自主贡献的各项目标，既需要转变经济发展方式，也需要改善能源结构，更需要树立“资源节约型、环境友好型”的绿色消费理念。因此，无论是排放峰值目标的实现，还是提高非化石能源的比例，都需要增加低碳投资、提高绿色供给。仅扩大非化石能源消费一项，就需要在 2016—2030 年期间新增核电装机 1 亿千瓦、水电装机 1.5 亿千瓦、太阳能装机 3 亿千瓦和风电装机 4 亿千瓦，形成庞大的低碳发展产业体系，届时非化石能源年发电量达到 4 万亿千瓦时，与美国当前的总发电量相当。根据国家气候战略中心的初步估计，2015—2030 年的 16 年期间，提高能源效率、发展非化石能源以及碳捕集、利用和封存等低碳产业的总投资将超过 40 万亿元，形成产业规模 23 万亿元，对 GDP 的贡献率超过 16%。因此自主贡献也是对中国绿色发展转型的重要贡献。

自主贡献顺应了人民对建设“美丽中国”的迫切愿望。我国改革开放以来经济发展迅速，人民生活水平不断提高，但是也产生了高耗能、高排放、高污染等严重的环境问题，大气污染、水体污染和土壤污染问题日益加剧，尤其是大气污染已成为人民的“心肺之患”，“碧水蓝天”成为人民的奢望。大幅提高环境质量，不仅是 2030 年前中国发展面临的艰巨任务，也是 2050 年实现全面现代化的基本要求。实现自主贡献的目标，不仅可以有效控制温室气体排放，为全球实现应对气候变化目标作出中国应有的贡献，同时也可以优化能源结构，减少煤炭和石油等化石能源消费，显著降低各种污染物排放，为改善生态环境、特别是改善大气质量奠定良好的基础。

中国国家自主贡献主要信息见表 3-7。

表 3-7　中国国家自主贡献信息摘要

提交时间			2015.06.30
减缓	目标年		2030
	基准年		/
	目标		CO_2 排放 2030 年左右达到峰值并尽早达峰。 单位 GDP CO_2 排放比 2005 年下降 60%～65%。 非化石能源占一次能源消费比重达到 20%左右。 森林蓄积量比 2005 年增加 45 亿立方米左右
	远期目标		/
	温室气体		CO_2
	行业部门		能源相关，全经济范围
	相关假设及核算方法	假设	/
		方法学及相关参数	/
		土地部门核算	/
	国际市场机制的减排量		/

续表

提交时间	2015.06.30
适应，资金，技术，能力建设	继续主动适应气候变化，在农业、林业、水资源等重点领域和城市、沿海、生态脆弱地区形成有效抵御气候变化风险的机制和能力，逐步完善预测预警和防灾减灾体系
公平和力度	/
实施计划及相关信息	1. 实施积极应对气候变化国家战略； 2. 完善应对气候变化区域战略； 3. 构建低碳能源体系； 4. 形成节能低碳产业体系； 5. 控制建筑和交通领域排放； 6. 努力增加碳汇； 7. 倡导低碳生活方式； 8. 全面提高适应气候变化能力； 9. 创新低碳发展模式； 10. 强化科技支撑； 11. 加大资金和政策支持； 12. 推进碳排放权交易市场建设； 13. 健全温室气体排放统计核算体系； 14. 完善社会参与机制； 15. 积极推进国际合作

（七）印度

2015年10月1日，印度向《公约》秘书处提交了其国家自主贡献文件（INDC）。长达38页的文件详尽描述了印度应对气候变化相关的国情、现有政策框架、行动进展、2020年后应对气候变化目标及其公平性和力度。印度是世界第二人口大国、第三大温室气体排放国，并且经济增长势头强劲，在未来的国际气候机制下，印度将发挥更重要的作用。

2014年，印度全国人口约为12亿人，占全球17.5%，其中城镇人口3.77亿人，国内生产总值为1.69万亿美元（2011—2012年不变价，下同），人均国内生产总值约为1408美元，人类发展指数0.9。到2030年，预测印度人口将达到15亿人，其中城镇人口6.09亿人，国内生产总值6.31万亿美元，人均国内生产总值4250美元。印度气候条件复杂，受冬夏两季季风影响，从西南沿海到东北山地分为七大特征迥异的气候区，各气候区气温和降水差异显著，并且随季节变化较大，这使得印度对气候变化的影响十分敏感。2012年，印度能源消费总量约为7.88亿吨标准油，人均能源消耗量约为0.6吨标准油（全球平均水平为1.88吨标准油）。印度仍有24%的人口无法得到电力供应，印度总发电量为7760亿千瓦时，人均917千瓦时，仅相当于全球平均水平的三分之一，预计到2030年，印度的发电量可达到2.5万亿千瓦时。2013年，印度化石能源和水泥生产过程二氧化碳排放量为20.7亿吨，占全球5.7%，人均排放量1.7

吨，仍远低于世界平均 4.9 吨的水平。① 印度温室气体排放主要来源是能源活动、农业和土地部门。②

在《坎昆协议》下，印度承诺到 2020 年努力实现单位国内生产总值温室气体（不包括农业）排放强度比 2005 年下降 20%～25%，2010 年，印度温室气体强度已比 2005 年下降 12%，通过各项政策措施，印度实施相关目标取得了积极进展。2010 年，印度通过了《国家应对气候变化行动计划》，制定了包括发展光伏、提高能效、普及低碳住宅、综合利用水资源、保护生物多样性、扶持生态农业和推动低碳城市发展等任务目标。印度还出台了碳税政策，对每吨煤征收一美元碳税，碳税收入纳入“国家新能源基金”，用于补贴清洁能源技术的研发和应用。

印度 2030 年应对气候变化目标主要包括四个部分。

第一，从长期愿景来看，印度致力于在可持续发展的背景下实现向气候友好的、清洁的发展路径转型。

第二，在减缓气候变化方面，印度承诺到 2030 年在 2005 年水平基础上降低单位 GDP 温室气体排放强度 33%～35%，并且到 2030 年，实现非化石能源装机占比达到 40% 的目标，并计划通过森林和土地部门的行动额外增加碳汇 25 亿～30 亿吨二氧化碳当量。

第三，在适应气候变化方面，印度强调将加强相关投资以更好地适应气候变化，特别是在一些相对脆弱的部门和地区，包括农业、水资源、健康和疾病管理部门、喜马拉雅地区、海岸带地区等。

第四，在资金、技术和能力建设方面，印度计划通过加强国内资金和发达国家提供的资金支持来弥补实施减缓和适应行动中的资金缺口，提高相关能力，在国内建立促进低碳技术开发和扩散的行动框架，并推动相关的国际合作。

印度延续了碳强度下降目标，有助于保持国内政策的延续性，相对量减排指标体现了印度所处的发展阶段，有助于减少定量承诺的不确定性。印度正处在经济快速发展阶段，根据国际货币基金组织（IMF）的预测，2016 年印度经济增速可达到 7.5%，在经济快速增长的背景下，估算印度的绝对排放量难度很大。碳强度降低目标的实现有赖于技术和管理水平的提高，有助于推动清洁技术的应用和扩散，提高能源利用效率和相关管理水平，促进经济增长与温室气体排放脱钩。

印度设置了明确且有力度的非化石能源发展目标，对全球清洁能源市场传递了积极的信号。为实现这一目标，印度需要在 2030 年前达到 200GW 的发电装机容量，而截至 2014 年，全球太阳能光伏装机容量是 181GW，可见印度制定的非化石能源目标的非凡力度，不论从其转型的决心，还是其目标所对应的产业规模，都为全球清洁能源发展注入了重要的积极动力。

---

① PBL. Trends in global CO_2 emissions：2014 report [R/OL]. [2015-10-12]. http://www.pbl.nl/en/publications/trends-in-global-co$_2$-emissions-2014-report.

Global Carbon Project，Global Carbon Budget 2014. [2015-10-12]. http://www.globalcarbonproject.org/carbonbudget/14/hl-full.htm.

② 徐华清，王田，苏明山．“基础四国”温室气体排放及未来挑战．[M] //李俊峰，邹骥，徐华清．气候战略问题研究．北京：中国环境出版社，2013：34-41.

印度的国家自主贡献全面反映了气候变化国际合作的各个要素，在采取减缓气候变化行动的同时，印度也重视适应气候变化的相关工作。印度人口众多、气候条件复杂、基础设施薄弱，气候变化带来的负面影响为其可持续发展带来了严峻的挑战，因此提高抵御力是其近期和未来一段时间内的重要任务之一。事实上，大多数发展中国家都面临类似的情况，印度在其 INDC 中强调对适应气候变化的重视无疑有助于推动多边进程下适应气候变化相关的国际合作。

印度强调实施目标进程中获得资金和技术支持的重要性，符合其发展中国家的定位和诉求。印度认识到在实施减缓和适应目标的过程中将产生一定的资金需求，并计划通过加强国内投入和获取发达国家额外支持来弥补资金缺口。同时，为了促进气候友好技术研发和应用合作，印度还决定推动建立促进技术扩散的国内、国际合作框架。

印度国家自主贡献主要信息参见表 3-8。

表 3-8　印度国家自主贡献信息摘要

<table>
<tr><td colspan="3">提交时间</td><td>2015.10.01</td></tr>
<tr><td rowspan="10">减缓</td><td colspan="2">目标年</td><td>2030</td></tr>
<tr><td colspan="2">基准年</td><td>2005</td></tr>
<tr><td colspan="2">目标</td><td>到 2030 年，温室气体排放强度比 2005 年下降 33%～35%，到 2030 年实现非化石能源装机达到 40%，增加碳汇 25 亿～30 亿吨 CO_2 eq</td></tr>
<tr><td colspan="2">远期目标</td><td>推动建立健康和可持续的生活方式，沿气候友好和更清洁的路径发展</td></tr>
<tr><td colspan="2">温室气体</td><td>全部温室气体</td></tr>
<tr><td colspan="2">行业部门</td><td>全经济范围</td></tr>
<tr><td rowspan="3">相关假设及核算方法</td><td>假设</td><td>/</td></tr>
<tr><td>方法学及相关参数</td><td>/</td></tr>
<tr><td>土地部门核算</td><td>/</td></tr>
<tr><td colspan="2">国际市场机制的减排量</td><td>/</td></tr>
<tr><td colspan="3">适应，资金，技术，能力建设</td><td>获得更强的适应能力：增加脆弱部门的投资，特别是农业、水资源、喜马拉雅地区、海岸带地区、健康和灾害管理；
动员国内的以及来自发达国家的新的额外的资金支持减缓和适应的行动；
加强能力建设，建立气候友好技术快速扩散的国内框架和国际机制安排，加强技术研发的合作</td></tr>
<tr><td colspan="3">公平和力度</td><td>/</td></tr>
<tr><td colspan="3">实施计划及相关信息</td><td>1. 应用新的、更高效、更清洁的火力发电技术；
2. 大力发展可再生能源发电；
3. 减少交通部门排放；
4. 提高经济领域能源效率，特别是工业、交通和建筑部门；
5. 减少废弃物部门排放；
6. 建造具有气候风险抵御力的基础设施；
7. 全面实施“绿色印度计划”和其他造林计划；
8. 提高气候抵御力，减少脆弱性</td></tr>
</table>

（八）巴西

巴西于2015年9月28日向《公约》秘书处提交了国家自主贡献（INDC），承诺到2025年在2005年的基础上减少37%的温室气体排放；到2030年减少43%的温室气体排放。巴西是首个承诺绝对量化减排目标的发展中大国。巴西的减排目标覆盖全国范围及全部的经济领域，涵盖气体包括CO_2、CH_4、N_2O、HFCs、PFCs、SF_6。巴西的目标是无条件的，并不与国际支持挂钩，但巴西仍然呼吁发达国家基于全球福利的考虑积极帮助发展中国家。

巴西作为发展中国家，人口和经济增长仍将驱动温室气体排放量增加，因此，其减排目标无疑是具有雄心的，并体现了公平和负责任的态度。巴西的人均排放从2004年14.4吨二氧化碳当量降低到2012年6.5吨二氧化碳当量，这已经相当于很多发达国家到2030年的预期水平，巴西将进一步实现到2025年人均排放量降至6.2吨二氧化碳当量，2030年降至5.4吨二氧化碳当量。

2004—2012年，巴西GDP增长32%，排放量降低了53%，同时实现了2300万人脱贫。巴西更进一步预计实现2025年单位GDP排放强度①相较2005年水平下降66%，2030年排放强度下降75%的目标。

为了实现这些目标，巴西计划实现到2030年使生物质能在能源结构中占比18%，可再生能源占比45%，除水电外的可再生能源发电的比例增加到23%，并将电力部门的发电效率提高10%。这意味着生物能、太阳能和风能将在巴西的能源结构中扮演重要的角色。

巴西的森林对于调节全球的温室气体总量极其重要。巴西近年来已经在减少森林采伐量上取得了重要进步，但仍是任重道远。巴西承诺将与其他发展中国家加强合作，特别是森林管理方面的南南合作。这对其他森林覆盖率高的国家来说也是一个非常好的消息。

总的来说，巴西的自主贡献目标是非常具有雄心的。然而，这一气候计划仍有很多值得改善的方面。例如，巴西的非政府组织气候观察（Climate Observatory）建议巴西应将国家自主贡献目标提高到减少57%的温室气体排放，并针对零砍伐和增加风能、太阳能等可再生能源的使用等方面采取实际行动。

巴西国家自主贡献主要信息见表3-9。

表3-9　巴西国家自主贡献信息摘要

提交时间		2015.09.28
减缓	目标年	2025，2030
	基准年	2005（21亿吨CO_2eq）
	目标	在2005年基础上，到2025年减排37%，到2030年减排43%
	远期目标	/
	温室气体	CO_2，CH_4，N_2O，HFCs，PFCs，SF_6
	行业部门	全部行业，100%排放

① 单位GDP排放强度的单位为吨CO_2eq（GWP-100；IPCC AR5）/GDP（1000US$2005）。

续表

提交时间			2015.09.28
减缓	相关假设及核算方法	假设	/
		方法学	《2006年IPCC国家温室气体清单指南》。 GWP：IPCC AR5
		土地部门核算	巴西同样采用基于IPCC国家温室气体清单指南的核算方式，将联邦和州一级的保护区及土著居民的土地也纳入森林管理领域
	国际市场机制的减排量		巴西强调任何在巴西领土上实现的减排量，需要转让交易必须先征得联邦政府的同意；同时不承认巴西境内任何《公约》以外或者《巴黎协定》以外的市场机制形成的减排量交易
适应，资金，技术，能力建设			巴西政府将通过国家适应计划（NAP）制定设计新的公共政策
公平和力度			巴西人均排放已从2004年14.4吨CO_2eq降低到2012年6.5吨CO_2eq，与很多发达国家2030年的预期水平相当。到2025年，巴西人均排放将降至6.2吨CO_2eq，2030年降至5.4吨CO_2eq。 巴西更进一步预计实现2025年单位GDP排放强度相较2005年水平下降66%，2030年排放强度下降75%的目标。从公平性和力度的角度来看，都超过了巴西为了全球实现2℃目标所应承担的责任
实施计划及相关信息			为了实现这些目标，巴西计划到2030年使生物质能在能源结构中占比18%，可再生能源占比45%。除水电外的可再生能源发电的比例增加到23%，电力部门的发电效率提高10%。并计划到2030年，恢复1200万公顷的森林，终结非法森林砍伐

（九）南非

南非共和国于2015年9月25日正式向UNFCCC提交了国家自主贡献文件（INDC）。南非根据“共同但有区别的责任”原则与“各自能力”原则承诺加强其在国际减缓气候变化方面所作的贡献，未来南非温室气体排放路径将沿着一条“温室气体排放峰值期、平稳期和下降期（PPD）”的轨迹，峰值出现在2020年到2025年之间，此间温室气体排放量将在3.98亿～6.14亿吨二氧化碳当量之间，2025年之后，南非温室气体排放将进入为期约10年的平稳期，继而进入绝对下降期。由于国家能源资源禀赋以及过去的社会经济发展轨迹，南非目前依然严重依赖煤炭，在短期内（2025年之前），南非也面临严峻的经济形势，减缓和适应气候变化的行动都需要在可持续发展的背景下进行。

在适应方面，南非明确了六个目标，包括制定规划、评估投资需求、保证公平、制定具体实施措施等。从资金方面来看，南非的主要挑战是加强相关的投融资活动，在促进全面社会经济发展的同时，促进低碳和气候适应型社会发展。

2011年南非颁布了国家气候变化应对政策（NCCRP），而新的国家气候变化适应战略与计划也在制定过程中。新的战略与计划将以 UNFCCC 下南非提交的国家适应计划（NAP）为基础，并将各气候变化融入各个部门的发展规划中。

南非国家自主贡献主要信息见表 3-10。

表 3-10　南非国家自主贡献信息摘要

提 交 时 间			2015.09.25
减缓	目标年		2020 年到 2025 年
	基准年		/
	目标		2020 年到 2025 年之间达到峰值，此期间排放量将在 3.98 亿～6.14 亿吨 CO_2eq 之间
	远期目标		2025 年之后，温室气体排放将进入为期约 10 年的平稳期，继而进入绝对下降期
	温室气体		CO_2，CH_4，N_2O，HFCs，PFCs，SF_6，关注前三者
	行业部门		能源；工业过程和产品使用；废弃品；农业、林业和其他土地利用
	相关假设及核算方法	假设	/
		方法学	《2006 年 IPCC 国家温室气体清单指南》 GWP：IPCC AR4
		土地部门核算	农业、林业和其他土地利用方面较大的不确定性，应不断努力减少不确定性
	国际市场机制的减排量		/
适应，资金，技术，能力建设			正在制定新的国家气候变化适应战略与计划； 开发中的政策措施包括碳税、行业减排政策（DEROs）、企业碳预算，以及特别针对温室气体污染物和排放监管标准和控制措施
公平和力度			在各方无法就统一的公平参考框架达成共识的情况下，南非专家根据《公约》下的“共同但有区别”的责任、“各自能力”以及公平获得可持续发展机会等原则制定了公平参考框架，评估得出的南非排放空间比国家自主贡献描述的 PPD 路径范围更大。并且，南非的减排路径与 IPCC 第五次评估报告中实现 2℃温控目标的要求一致。因此，南非国家自主贡献是公平且有力的
实施计划及相关信息			在国家层面，南非将采用 5 年实施期模式。在 2016—2020 年期间，南非将以履行“坎昆承诺”为重点开发制定相应政策与措施；针对本国自主贡献文件，南非也将制定 2021—2025 年与 2026—2030 年期间的相应政策与措施。 同时，南非还将开展定期的国内审查，确保温室气体排放量在 PPD 路线范围

第四章　发达国家国际气候援助的经验和启示

一、全球应对气候变化融资情况

全球气候融资包括世界上任何地方的旨在减少净温室气体或加强应对气候变化和气候变化影响的资金流动。这包括私人和公共资金，国内和国际资本流动，以及用于减缓和适应危险气候变量和未来气候变化的总支出。全球气候融资对于实现限制全球平均温度的增加不超过2℃的全球目标的实现至关重要，从发达国家到发展中国家的气候资金流动是全球气候金融的一部分，它包括由附件Ⅱ缔约方承诺在《公约》下协助发展中国家应对气候变化的资金流动。

气候融资，无论是全球气候资金还是从发达国家流向发展中国家的资金，都有几个与跟踪和评估有关的要点，包括资金来源、管理资金的机构、金融工具的性质、资金的接受者和所支持活动的类型和地点。接下来，我们将根据气候政策倡议（CPI）组织公布的数据回顾世界上所有地方为气候变化减缓和适应行动所提供的财政资源的可用预算，无论这些资源来自何处，流向何方。我们也会对投资可再生能源、能源效率、可持续交通、“REDD＋”和适应气候变化等其他数据进行回顾和总结，最后呈现国家政府和相关机构的气候变化支出的补充信息。

GPI的全球气候融资评估涵盖了以直接或间接的温室气体减缓或适应目标/结果为目标的低碳和气候韧性发展的资本流动和公共框架性支出。CPI所用指标是一个赠款、优惠贷款和市场利率投资相结合的产物。因此，它所涵盖的范围不只是包括增量成本在内的相关资金，也包括了在适应和缓解措施投资方面的总的价值。然而值得注意的是，这里的统计并不包括与能力建设和政策性收入相关联的融资和支持。根据估算，2011年全球气候融资总额为3430亿美元至3850亿美元（均值3640亿美元），2012年为3560亿美元至3630亿美元（均值3590亿美元）。2011—2012年气候融资相关数据可见表4-1：

表4-1　按资金来源/终点统计的2011—2012年全球气候融资额

（单位：亿美元）

类　别	发达国家		发展中国家		全球
	发起国	受惠国	发起国	受惠国	
国内发起国内执行	1440	1440	1290	1290	2730

续表

类别		发达国家		发展中国家		全球
		发起国	受惠国	发起国	受惠国	
由他国发起	发达国家对发达国家	320	320			870
	发展中国家对发展中国家			110	110	
	发展中国家对发达国家		10	10		
	发达国家对发展中国家	430			430	
总计		2190	1770	1410	1830	3600

由上表可见，资金来源方面，在统计的3600亿美元资金中，有2190亿美元来自OECD成员中的发达国家，占总数的61%。剩下39%，即1410亿美元来自非OECD成员国。而在资金的使用方面，发达国家与发展中国家基本均衡，其中用于发达国家的1770亿美元资金占49%，剩余51%则用于发展中国家。需要注意的是，CPI评判一个国家是否是发达国家的标准是该国是否已成为OECD成员，因此，智利、韩国、墨西哥也被列入发达国家之列。

另外，大多数的资金提供者和使用者都是同一个国家（2730亿美元，76%），无论是发达国家还是发展中国家都是如此。在发达国家和发展中国家之间的资金流动中，发达国家流向发展中国家的资金远远多于反向流动的资金。

表4-2　气候资金来源概况（按项目数）

资金来源	资本管理工具	融资工具	项目所有者	项目
政府（14）	双边金融体系（22）	捐赠（11）	发达国家（177）	气候适应（22）
企业（169）	MDBs（38）	低息贷款（69）	发展中国家（182）	可再生能源（265）
家庭（33）	国家金融机构（74）	市场利息贷款（70）		能源效率（32）
资本市场（22）	商业（22）	项目资产（11）		交通运输（19）
公共财政机构/资本市场（121）	气候基金（2）	资产负债表（198）		农业、林业减缓（3）
	无资本管理者（201）			其他减缓（18）
总计（359）				

由表4-2可见，私人融资主要是公司和家庭占主导地位。大部分的私人气候金融，由资金来源（企业和家庭）自己投资。因此，没有使用资本管理工具。由私营部门实施的许多项目要依靠资产负债表融资。气候投融资来自另外一个国家时通常涉及资金管理，如双边金融机构和多边开发银行。大部分赠款和部分低成本债务是由发达国家

向非经合组织国家流动。

根据CPI发布的报告来看，2013年全球应对气候变化的投融资再次下降，跌至3310亿美元。当前的投资主要集中在以下领域：可再生能源、能源效率、可持续交通、林业和农业减缓与适应气候变化。

（一）可再生能源技术投资

根据《全球可再生能源投资趋势》，从2004年到2013年的全球可再生能源投资情况可见表4-3。

表4-3 全球可再生能源技术投资（2004—2013年）（单位：亿美元）

	2004	2005	2006	2007	2008	2009	2010	2011	2012	2013
全球投资	400	650	990	1460	1710	1690	2270	2790	2490	2150
发达国家投资	320	490	740	1030	1130	1060	1530	1870	1420	1220
发展中国家投资	80	160	250	430	580	630	740	920	1070	930

数据显示，2004—2011年全球可再生能源投资保持较好的增长势头，而自此之后，就开始下降。

（二）能效投资

由于需要定义一个效率基准值，而且能效方面的投资常常是一个很大的数目，因此，统计评估能效投资非常具有挑战性。美国能源效率经济计分卡协会通过统计15个国家和欧盟的政府和事业单位的数据，得出以下结论：2010—2013年，政府部门在能效领域投资数量为340亿美元，事业单位的投资为160亿美元。彭博新能源财经（BNEF）和气候政策倡议（CPI）的统计只包括含能效公共基金在内的与能效相关的不同项目等级的金融交易，他们的统计结果在320亿～350亿美元之间。还有一些统计范围较广，把投资于汽车和建筑的能效提高的资金也计算在内的话，每年的投资额为1300亿～3000亿美元之间。

由此可见，因为CPI的统计只包括320亿美元用于能源效率的公共资金投资，可知在整个能效领域其余的800亿～2700亿美元的投资应该是由企业、家庭、政府来提供的。

（三）可持续交通投资

每年全球在交通上的投资多达1.2万亿～2.4万亿美元，其中私人投资占到58%。目前对可持续运输的气候金融没有达成一致的操作定义。因此，对可持续交通投资的统计将对所采用的统计方式非常敏感。如果把可持续交通的投资限制为铁路运营商，包括为煤炭运输所建设的铁路以及可持续的生物燃料和电动汽车制造商，截至2014年6月10日，中国和欧盟已在高铁的建设上发行了3580亿美元的债券，这也使之成为了投资额最大的部门。接下来，为可持续交通所发行的债券数量每年都将在300亿～600亿美元之间。

（四）“REDD＋”投资

“REDD＋”活动都位于发展中国家，它的有效执行需要结合国内和发达国家的财政资助。据估算，各国的国内“REDD＋”财政支持大约在每年100亿美元以内。根据CPI统计，2011—2012年间有30亿美元的国际公共承诺可用于比“REDD＋”涵盖范围更广的农业和林业部门减缓。而且，由于CPI的估算不包括国内用于这些行动的财政支持，因此，它的估算值应该比实际情况偏低。

（五）适应气候变化投资

关于“适应”，目前为止还没有公认的定义，所以尚不能编制一份适应行动目录，然后统计针对那些行动的投资。适应气候变化投资的估计是根据专家判断编制的项目。通常，如果一个项目是为了解决当前的气候变化或未来气候变化的影响，在工程项目中的部分或全部投资即被认为是一种适应投资。就像能效方面的投资一样，气候适应投资往往是一个更大的投资的一部分。当水供应系统、防洪设施、港口设施和其他基础设施的调整是为了来解决预期的气候变化影响时，整体投资就是一种适应投资。由于这些困难，在适应投资方面只有有限的数据可用。发展中国家与气候金融相关的数据几乎完全来自发达国家的政府、多边开发银行和多边气候基金的提供。除此之外，无论是公共还是个人的投资，无论是用于发展中国家还是发达国家的投资的资金数据，都无据可查。

在CPI的统计中，2010—2011年用于适应的公共投资为140亿美元，2011—2012年这一数据在200亿～240亿美元之间。几乎所有适应性投资都是通过多边、双边和国家渠道向发展中国家提供的。来源于国内的私人和公共的适应投资在发达国家和发展中国家都将有实质性的增长。

二、资金在发达国家和发展中国家之间的流动

目前国际上并没有关于这样的资金流动的具体定义，对于全球气候变化资金而言，数据通常反映的是全部的投资或者花费。而在统计过程中，这一资金流动通常统计承诺的金额，而不是支付的金额。

发达国家汇报其向发展中国家提供资金主要通过三种渠道：向UNFCCC提交的国家信息通报（NCs）和两年报（BRs），以及向OECD提交的发展援助数据。在资金的具体流通途径方面，发达国家向发展中国家提供资金主要通过以下方式来完成：多边渠道、双边渠道、私人出资。

（一）多边渠道

资金通过多边渠道由发达国家流向发展中国家的主要方式有两种，多边气候基金和多边开发银行。多边机构可以利用它们自己的资源，或由一些国家提供的资源来资助发展中国家的气候变化项目和工程。

在多边基金中，用于适应投资的占总数的 24%，用于“REDD+”的占 16%，用于其他减缓措施的占 61%。在这些基金中，有四只由多边开发银行委员会决议通过，他们占所有承诺总数的 64%。有三只适应性基金和一只减缓基金由 UNFCCC 运营，它们占承诺总数的 26%。

全球环境基金（GEF）自 1996 年开始运营。GEF 同时管理着最不发达国家基金（LDCF）和气候变化特别基金（SCCF）。全球环境基金每四年增补一次，用于资助经批准的减灾项目的约定增量成本。在 GEF 的第五次增补中（2010—2014），13.5 亿美元用于气候变化。在它的第六次增补中（2014—2018），12.6 亿美元用于气候变化。超过 97%的捐款来自 OECD-DAC 成员国，几乎所有的资源都被分配给减灾项目，包括可再生能源（36%）、能源效率（30%）、低温室气体排放技术（13%）。

最不发达国家基金 LDCF 成立于 2001 年，用于解决最不发达国家的最迫切、最紧急的需求。到 2014 年，该基金已有 9.07 亿美元的承诺出资，其中 8.315 亿美元已经到账。基金成立时该基金向每一个符合条件的最不发达国家都发放了 20 万美元，用于筹备一个国家适应行动方案。在已完成该方案的 50 个国家当中，48 个已收到 7.2625 亿美元用于最迫切的、最紧急的适应行动。

同样成立于 2001 年的气候变化特别基金 SCCF 有两个出资窗口：适应和技术转让。到 2014 年上半年，该基金已有 3.443 亿美元的承诺出资，其中 2.991 亿美元已经入账。50 个适应项目收到 2.018 亿美元的资金支持，同时，8 个技术转让收到资金 4050 万美元。目前，适应性资金的供应已经吃紧，对资金的需求已超过了现有资源。最大的类别调整项目是加强水资源管理和农业的恢复，其中每一项都已批准可用 27%的金额。

适应基金（AF）于 2009 年开始运营，其成立目的是资助发展中国家缔约方，特别是那些极容易受到气候变化不利影响的国家的具体适应项目和方案。从成立到 2013 年底，该基金实现了 1.9 亿美元的核定减排量（CERs）出售并获得了 2.25 亿美元的捐款。

在多边开发银行方面，7 个多边开发银行承诺 2011 年出资 271 亿美元，2012 年出资 268 亿美元。各银行具体出资情况见表 4-4。

表 4-4 多边开发银行的承诺出资 （单位：百万美元）

	2011 年			2012 年		
多边开发银行	适应	减缓	总计	适应	减缓	总计
非洲发展银行	593	859	1452	445	1463	1908
亚洲发展银行	585	2196	2781	821	2001	2822
欧洲重建与发展银行	181	3400	3581	188	2812	3000
欧洲投资银行	225	5306	5531	179	3484	3663
美洲开发银行	288	1741	2029	139	1619	1758
国际金融公司	—	1664	1664	—	1552	1552
世界银行	2304	6180	8484	3813	6168	9981
总计	4176	21346	25522	5585	19099	24684

在 2011—2012 年，大约 80%的资金被用于减缓项目。2012 年，可再生能源在减缓资金中占比最大，它消耗了总资金的 36%。在 2012 年的适应基金中，37.1%用于基础设施、能源以及建筑环境部门，31.9%被用于增加农业部门应对气候变化的恢复力。

（二）双边渠道

1. 双边发展银行

除了多边渠道外，一些发展中国家也通过法国开发署（AFD）、日本国际协力机构（JICA）、德国复兴信贷银行（KfW）、海外私人投资公司（OPIC）等双边开发银行进行气候融资。这些机构获得国家政府的资金，但也可以使用他们自己的资源。据基础设施发展金融公司（IDFC）报告，OECD 成员机构在 2011—2012 年为非 OECD 成员国提供了 150 亿美元的气候资金，来自 AFD、JICA、KfW 的消息指出这 150 亿美元几乎完全由他们提供。扣除用于 OECD 成员国的部分之后，CPI 估计 2012 年 OECD 成员国通过双边发展银行为发展中国家提供了约 140 亿美元资金。

2. 气候相关的海外发展援助

气候相关的海外发展援助也是双边融资的重要手段。2007—2012 年 OECD-DAC 成员国向发展中国家提供的双边援助可见表 4-5。

表 4-5　2007—2012 年 OECD-DAC 成员国向发展中国家提供的双边援助

（单位：百万美元）

年份	减缓相关		适应相关		二者通用	总计
	主要目标	重大目标	主要目标	重大目标		
2007	2212	1781	NA	NA	NA	3993
2008	5547	3161	NA	NA	NA	8708
2009	6972	3287	NA	NA	NA	10259
2010	13540	4285	2705	5772	3624	22678
2011	8294	4919	2067	6450	3686	18044
2012	10442	5089	2680	7422	4164	21469

在 2010 年之前，援助方向主要在减缓相关领域。2007—2010 年，用于减缓的主要目标援助金额从 22 亿美元增至 135 亿美元。而用于减缓的重大目标的金额则一直上升，已从 2007 年的 12 亿美元增长到 2012 年的近 51 亿美元。最近几年，与适应相关的援助也逐渐受到重视，相关援助从 2010 年开始，2010 年总额超过 84 亿美元，2012 年总额超过 100 亿美元。

3. 其他双边气候资金流动

一些 DAC 成员国已开始向发展中国家提供自愿援助作为官方开发援助的补充。2010—2012 年，部分报告显示此类援助年均额在 8.43 亿美元左右，这些资金主要由

AFD（年均6.84亿美元）和KfW（年均1.58亿美元）提供。美国进出口银行则承诺在2011—2012财年之间提供5亿美元。

（三）私人出资

通过私人出资的资金流很难进行系统的统计，因此这一项的总数是非常不确定的。现在，该领域的统计主要来自一些学者。Clapp等人根据2009—2010年的数据进行估算，他们认为私人投资数额应为每年390亿美元到750亿美元之间，这些资金几乎全部（每年370亿美元到720亿美元）投资到了能源部门。Stadelmann等人使用2008—2011年的数据进行估算，估算值为270亿美元到1230亿美元之间。据他们统计，资金的主要来源是发达国家的气候政策（150亿美元到840亿美元）和国外的直接投资（100亿美元到370亿美元）。

碳基金也是私人出资的方式之一。自1999年起，已有近100个碳基金相继成立，共筹集资金142亿美元。碳基金有可能是私人出资，有可能是政府出资，也有可能是双方合资。由于私人基金的数据通常是保密的，因此通过碳基金流向发展中国家的资金数额难以统计。

清洁发展机制作为《京都议定书》中引入的灵活履约机制之一，通过该机制引入发展中国家的资金也被计算在私人出资之中。到2013年底，93个发展中国家共签订了超过7400个相关项目，总价值为4000亿美元。

三、美国

（一）基本政策目标

美国正在充分利用双边、多边融资以及出口信贷等多种方式调动民间融资，并进行关于气候变化负面影响适应性建设的战略性投资。具体表现为：减少森林砍伐和森林退化带来的排放，支持低碳发展战略，过渡到一个可持续的、清洁能源主导的经济形式。

通过一系列显著政策指令，气候变化已成为美国外交和发展目标的一大重点。2010年总统指令政策对全球发展所确定的全球气候变化倡议（GCCI）提供了一个平台，使美国将气候变化因素纳入其对外援助行动之一。2012年美国国际开发署（USAID）提出了关于气候变化与发展的原则、目标与战略。

此外，海外私人投资委员会（OPIC）调整了政策，将更多的国际私人投资注入气候友好活动中。作为美国政府的金融发展机构，OPIC调动民间资本以应对发展的挑战，这样做有助于实现美国发展和外交政策目标。

从长远的眼光对经济和环境的可持续发展进行展望，美国正在努力通过受援国自主计划、着眼于可衡量的结果等方式，确保其能力建设和投资支持具有高效性和创新性。

（二）实施机构

主要的实施机构包括：美国国际开发署（USAID）、外交部（DOS）、千年挑战集团（MCC）。

1. 美国国际开发署

USAID 是承担和实施美国大部分对外非军事援助的联邦政府机构，它作为一个独立的联邦机构，依照美国国务院的外交政策进行相关援助。由 USAID 的经济增长、教育与环境局下设的全球气候变化办公室主要负责。

作为美国双边和多边发展援助的首要实施机构，USAID 对 50 多个发展中国家提供资金和技术等相关气候援助，重点关注适应、清洁能源与可持续景观。

2. 千年挑战集团

2004 年初，时任美国总统布什在墨西哥的蒙特雷发出“世界发展新协调”的倡议，将发达国家更多的援助与发展中国家更大的责任相结合，并为此提议建立了一种机制，既“千年挑战账户”，或称作“利于千年发展的账户”。在此机制下，大量的发展援助基金将提供给那些实施良政、促进人类发展及鼓励经济自由化的国家。

在两党议员的强烈支持下，美国国会批准了账户初创基金 10 亿美元，用作 2004 年度专项援外资金。2006 年起，布什总统承诺将账户基金每年增至 50 亿美元，使 2012 年美国援外资金总量增加了近 50%。账户由一家新的国有公司——千年挑战公司（MCC）负责，确保账户实施效果。MCC 总经理由总统任命、国会批准、受董事会的监督（董事会组成：国务卿、财长、美国贸易代表、MCC 总经理以及总统任命的国会批准的另外 4 人，国务卿为董事长）。

3. 财政部、外交部

财政部和外交部实施的气候援助主要流向国际发展协会、清洁技术基金、非洲发展基金、全球环境基金（GEF）、气候投资基金（CIF）等。

4. OPIC

投资政治办公室（OIP）主要负责推进 OPIC 各项目的实施。

（三）优先领域和地区

美国国际气候援助的优先领域包括适应气候变化、清洁能源、可持续景观，旨在帮助发展中国家减缓和停止森林破坏、减少温室气体排放、发展清洁能源、改善食品和饮用水安全情况、加强近海管理、提升公共卫生水平等。

在清洁能源领域获得美国气候援助最多的国家是新兴经济体，即未来的排放大国，在可持续景观方面获得美国气候援助最多的国家包括中非、拉丁美洲和东南亚的雨林国家，在适应气候变化方面，美国的气候援助主要流向最不发达国家、小岛屿发展中国家等（见图 4-1、图 4-2）。

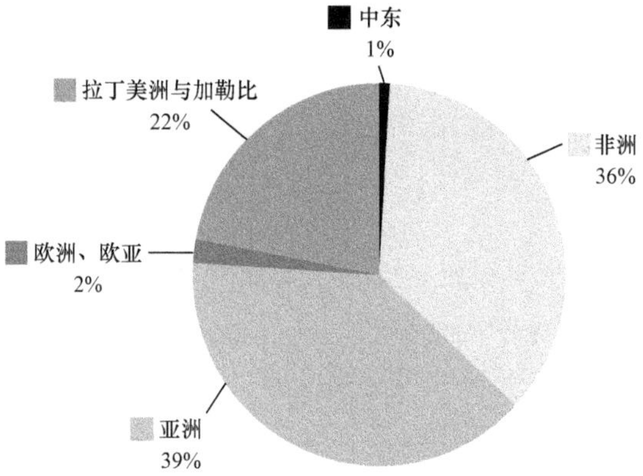

图 4-1　美国气候援助地区分布（2010—2012 年）

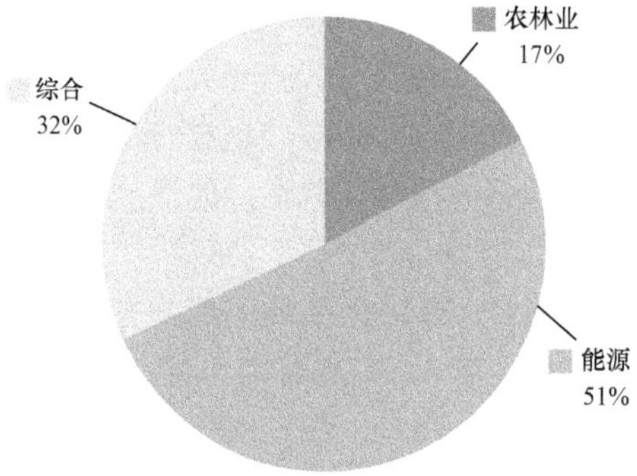

图 4-2　美国气候援助部门分布（2010—2012 年）

四、英国

（一）基本政策目标

通过帮助发展中国家建立低碳、可持续的生活方式，控制森林减少，适应气候变化，减少世界范围内的贫困。

希望通过英国国际气候基金（ICF）证明低碳且适应气候变化的增长模式是可行和可取的。这将建立一种信心，有助于全球气候变化协议的发展和进步；支持国际气候谈判，特别是对贫困国家适应气候变化提供资金支持，并建立有效的国际机制提供气候援助；推动创新和新理念并付诸行动，与私营部门建立新的伙伴关系来支持气候变化适应性的增强。

同时，希望通过繁荣基金加强能源安全、促进一个侧重于新型经济体的全球开放式经济市场的形成。

（二）资金规模和渠道

英国国际气候基金（ICF）：

2011—2012 年确定之后四年共提供 29 亿英镑援助，2015—2016 年确定之后四年共提供 38.7 亿英镑援助。

履行 2012 年哥本哈根 COP15 会议上快速启动资金的承诺：

2010—2020 年提供 15 亿英镑援助，同时有一些小额资金的援助提供给气候变化专家组项目，还有一些针对性的小额支持，如提供给正在进步或非常脆弱的小国进行谈判。

繁荣基金：

2013—2014 年提供 1960 万英镑，其中一半用于气候方面的项目。

通过帮助发展中国家建立低碳的生活方式，控制森林减少，适应气候变化，来减少世界范围内的贫困。同时注重加强能源安全、促进一个侧重于新型经济体的全球开放式经济市场的形成。

英国将官方发展援助（ODA）的一部分应用在气候变化领域，ODA 也是气候变化领域资金援助的主要方式。随着近些年 ODA 资金援助的不断增加，气候变化方面的资金援助数额也有所上升。

英国提供援助主要为直接拨款，同时也有提供相关优惠贷款等方式。

（三）实施机构

英国政府下设 24 个部级部门和 21 个非部级部门，每个部门有其专属负责的政府政策领域。其中英国国际发展部（DFID）主要负责英国政府在多边和双边发展中的国际合作，是英国最主要的对外援助部门。DFID 由内阁国际发展事务大臣直接管理，同时也受下议院国务大臣和议会副国务秘书管理。DFID 下设 4 个部门，分别负责国家项目、国际事务、政策研究、企业绩效四方面事务。

而能源与气候变化部（DECC）、“环境、食品与乡村事务部”（DEFRA）、财政部（HMT）这三个部门与环境和气候变化政策制定密切相关。DECC 包含 9 个机构，主要牵头负责推动国内清洁、安全能源的供应和有关减缓气候变化的政策制定。DECC 组织的 ODA 援助占非 DFID 组织的 ODA 的比例近几年来逐年上升，至 2013 年已经达到约 30%。

英国气候援助相关机构设置见图 4-3。

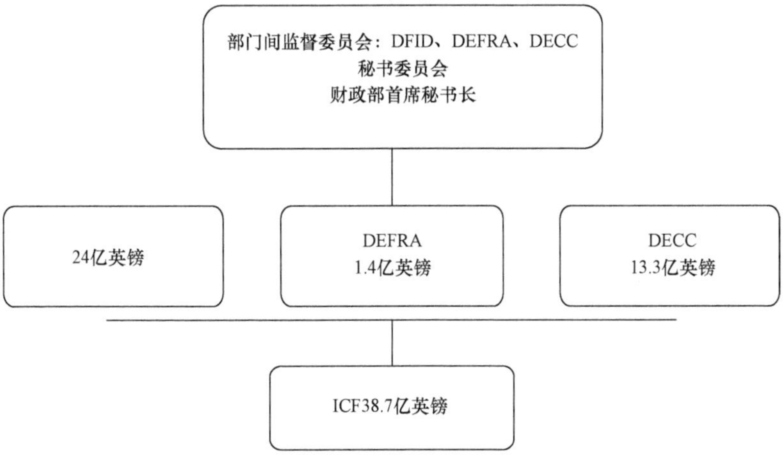

图 4-3　英国气候援助相关机构设置

专栏 英国国际气候基金（ICF）

英国政府于2010年成立国际气候基金（International Climate Fund，简称ICF），该基金是英国政府回应气候变化所采取行动的重要组成部分，旨在与发展中国家合作，帮助发展中国家应对气候变化和减少贫困，采取行动减少碳排放，适应气候变化的影响。ICF承诺在2011—2015年提供29亿英镑气候援助融资，具体由政府国际发展部（DFID）、能源与气候变化部（DECC）和环境、食品及乡村事务部（DEFRA）提供资金。

ICF的三个优先领域：一是帮助最贫穷人口适应气候变化对生活和生计的影响；二是帮助贫穷国家在发展时避免或减少有害温室气体排放量，并使数以百万计的人受益于清洁能源；三是保护世界的森林和依靠森林维持生计的12亿人。

为了实现以上三个优先领域的发展，ICF设立了五个目标，分别为：一是建立全球的知识体系证明低碳和气候弹性发展可支持经济增长并减少贫困；二是开发、试验并增加具有创新性的低碳、抵御气候变化的项目和减排方案，支持适应气候变化和保护森林，包括保护生物多样性；三是支持国家层面的低碳行动和气候弹性发展；四是为私营部门投资营造良好的环境，鼓励私营部门撬动资金；五是使气候变化成为英国官方发展援助（ODA）、欧盟发展援助和多边开发银行贷款不可或缺的组成部分。

2011年至2014年2月期间，ICF将56%的资金投入到了低碳发展援助中，将27%的资金用于适应方面的援助，并将10%的资金用于保护森林，其余7%的资金属于交叉领域的气候援助。

五、德国

（一）基本政策目标

1994年，自然资源的保护在《德意志联邦共和国基本法》中被奉为德国的国家目标。气候变化自然也是其中重要的一项。很多发展合作的直接目标就是促进温室气体的减排和对气候变化的适应。另外，气候方面的考虑也作为涉及多方面的事项包括在发展合作的活动中。这些活动是合作方之间对话的一部分，遵循巴黎宣言和釜山、阿克拉议程。

当前，德国的气候援助主要涉及三个方面，即温室气体减排、适应气候变化以及减少砍伐和森林退化造成的排放（“REDD+”）。德国气候变化援助的标准是在这三者之间均等分配资金。由于之前德国的气候援助主要集中在温室气体减排方面，所以近年来德国加强了对适应和“REDD+”的重视。

（二）资金规模和渠道

根据德国政府的报告，德国提供的国际气候资金量如图4-4所示。

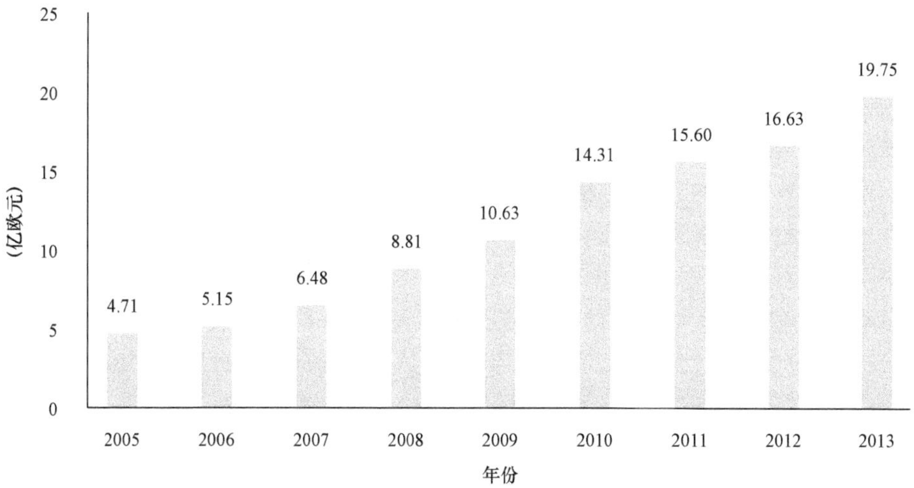

图 4-4　德国气候援助资金（2005—2013 年）

2010—2012 年发达国家承诺的快速启动资金 300 亿美元中，德国提供 12.89 亿欧元。

对于新的、额外的资金，德国有自己的定义：在 2009 年气候相关资金基础上的增加额将来源于创新的渠道，例如碳交易。

在统计和报告中，德国的气候资金只包括了公共资金。从 2009 年 10 月起，德国发展合作声明中有 7 个发展援助的优先领域，气候、环境与自然资源保护为其中之一。发展援助委员会（DAC）的数据显示，2010—2012 年，德国的气候援助总计达 115.7 亿美元，占其同期官方发展援助（ODA）的近三成。德国的气候援助资金大部分来自官方发展援助。

目前德国的气候援助主要为赠款，少部分为优惠贷款。

（三）实施机构

德国的气候援助主要由两个部门进行规划和管理，分别为德国环境、自然保护、建筑与核安全部（BMU）和德国经济合作发展部（BMZ）。德国联邦政府各部进行的主要是制定政策的工作，因此，这两个部门在气候援助方面起到的作用是制定相关的政策和规划。

BMZ 成立于 1961 年 11 月 14 日，最初称为“经济合作部”，1993 年 1 月起称“经济合作与发展部”，是欧洲第一个建立的专门负责对外援助和发展合作的内阁部门，其主要任务为：对德国的整个双边与多边发展援助政策制定规划、提出原则和方案并且协调项目的实施；向各个非政府组织提供资金并进行协调；与其他援助国以及多边国际组织进行发展援助方面的协调；监督援助资金的使用并对援助情况进行总结和评估①。BMZ 的高级领导包括部长、议会秘书和国务秘书，德国总理的非洲事务 G8 个人代表也直接对部领导负责。BMZ 下设 5 个总司，分别为：规划与沟通总司；主管中

① 周弘. 对外援助与国际关系［M］. 北京：中国社会科学出版社，2012.

心服务、公民社会、经济政策与私人部门事务的一司；主管双边发展合作中的政策议题和政治治理、部门事务的二司；主管非洲和拉丁美洲、全球和地区性食物的三司；主管欧洲、中东、亚洲和多边发展政策的四司①。各总司下面分设 2～3 个司，各司之下再对应设处。BMZ 的预算来自联邦预算，2015 年，BMZ 的预算为 65.09 亿欧元。

BMZ 没有常规性的组织架构，其项目的执行是由一些具体的执行机构来实施。BMZ 的气候援助主要分为气候融资和技术援助两类，气候融资主要由德国复兴信贷银行（KfW）执行，而技术援助由德国国际合作机构（GIZ）执行。

KfW 是受联邦政府委托执行信贷合作的机构，1948 年成立。它有两方面的使命，一是通过支持中小企业向国外投资、提供出口信贷等促进本国经济发展，二是作为促进发展中国家经济发展的开发银行。促进发展中国家经济发展的手段主要是在财政合作的框架内代理德国政府向发展中国家提供贷款和无偿赠款，负责项目审查、项目实施以及成果评估整个过程。KfW 提供的资金中，一部分为联邦政府的预算，另一部分为银行自有资金，这部分资金主要提供给较先进的发展中国家和新兴国家。②

出于提高工作效率的考虑，GIZ 于 2011 年 1 月通过合并德国技术合作公司（GTZ）、德国发展服务局（DED）、国际培训与发展公司（InWEnt）这三个技术合作的执行机构而建立。它的主要工作是执行技术合作的合同。通过技术合作，德国进行技术、经济、组织等方面的知识以及技能的转移。技术合作往往是免费提供给合作国的，主要的形式是顾问咨询服务和材料、仪器设备的供给。

BMU 是气候援助的重要提供者。BMU 由七个业务总司以及一个负责战略规划和一个执行中心功能的总司构成，总司下设若干个司，司之下设处。BMU 的气候援助主要通过国际气候倡议（IKI）进行。IKI 在 2008 年由 BMU 发起，一开始资金来源为欧盟碳交易，但之后碳价下跌资金不足，IKI 的资金主要来自 BMU 的预算。从 2008 年到 2013 年 3 月，IKI 资助了 8.6 亿欧元的项目。所有发展中国家都可以申请。IKI 是快速启动资金的主要来源。IKI 主要资助温室气体减排、适应气候变化、减少砍伐和森林退化造成的排放以及生物多样性保护等四个方面的项目。IKI 资助的项目的选择要经过一个创意竞争的过程，创意主要需要满足以下几个条件：与国际气候金融体系相关（为气候变化和生物多样性保护提供额外的资金，尤其是私营部门的投资）；创新和多重效果（有力度、可复制、可转移，完成超越单个项目的目标）；透明性和一致性（协助合作方作出可测量、可报告、可核查的气候变化贡献，提高自身的监测方法，并且加强国际气候供资中的透明度）；学习经验（利用各种平台进行经验和知识的交换）。

德国各部之间相对独立，各部门可以制定自己的计划和战略，因此各部之间的合作有待加强。2013 年，BMU 和 BMZ 发布了合作战略报告，表示未来将加强合作，进行更加成熟的援助。

多边援助的执行机构则为一些多边机构，包括气候投资基金、适应基金、最不发

---

① BMZ. Ministry Structure and Organization [EB/OL]. [2015-07-18] http://www.bmz.de/en/ministry/structure/index.html.

② 李小云等. 国际发展援助：发达国家的对外援助 [M]. 北京：世界知识出版社，2013.

达国家基金、森林碳伙伴基金等基金，世界银行、亚洲开发银行等发展银行，UNDP、UNEP 等联合国组织，以及其他国际机构如国际发展协会等。

（四）优先领域和地区

德国的气候援助一开始主要集中在减缓部分，对适应的关注较少。近年来，德国的气候援助目标转为在减缓、适应、“REDD＋”三个方面平衡分配资金，2010 年以来，适应和“REDD＋”得到的资金越来越多。2012 年，44％的气候援助资金被分配给减缓，26％被分配给适应，30％被分配给“REDD＋”和生物多样性保护①。2013 年，38.9％的资金被分配给减缓，38.3％被分配给适应，22.8％被分配给“REDD＋”和生物多样性保护。

不同倡议、不同基金下的气候援助，重点关注的领域是不同的，但总的来看，德国的气候援助主要集中在这样几个方面：可再生能源、能源效率的提高、森林和生物多样性的保护、粮食安全、土地退化、水资源管理、基于生态系统的适应、气候政策在发展政策中的融合。

德国的气候援助面向全球范围内的发展中国家和新兴经济体。目前最受关注的国家位于非洲，亚洲、中东和欧洲东南部国家也得到了较多的关注。2012 年，42％的资金流向非洲，32％流向亚洲、中东和欧洲东南部，16％流向拉丁美洲和加勒比海地区，还有 10％用于地区或全球性的项目。2013 年，31％流向非洲，30.5％流向亚洲、中东和欧洲东南部，18％流向拉丁美洲和加勒比海地区，还有 20.5％用于地区和全球性项目。

根据 BMZ 和 BMU2014 年发布的气候资金报告，2010—2013 年，德国共向最不发达国家基金（LDCF）供资 1.65 亿欧元，向特别气候变化基金（SCCF）供资 0.9 亿欧元，向气候投资基金（CIF）供资 5.5 亿欧元，向适应基金（AF）供资 0.4 亿欧元，向森林碳伙伴基金（SCPF）供资 1.4 亿欧元；2014 年 7 月承诺向绿色气候基金（GCF）供资 7.5 亿欧元，全球环境基金（GEF）第五次增资，德国提供 3.47 亿欧元，其中 40％，即 1.39 亿欧元为气候变化相关资金。可以看出，德国对 CIF、GCF 的捐赠力度最大。

六、日本

（一）基本政策目标

2013 年，日本发布应对气候变化积极外交战略——*Action for Cool Earth*（ACE），将目标设定为 2050 年全球温室气体减排 50％，发达国家减排 80％，对发展中国家的援助是 ACE 的三大支柱之一。

---

① BMZ，BMU. Together for a Common Cause：Germany's Contribution to International Climate Financing [R].（数据中不包括能源与气候资金（EKF）的资金）

日本气候援助的政策目标是发展中国家，尤其是努力减少温室气体排放和对气候变化的不利影响非常敏感的发展中国家。

（二）资金规模和渠道

2009—2012 年，日本共承诺气候资金 150 亿美元，最终兑现 176 亿美元，包括 140 亿美元公共资金和 36 亿美元私人资金。

2003—2012 年，日本总计提供了大约 400 亿美元的气候援助。

另外，日本承诺 2013—2015 年提供 160 亿美元的气候资金，其中包括公共资金 130 亿美元和私人资金 30 亿美元。自 2013 年 1 月至 9 月，日本已经兑现了 60 亿美元公共资金。

日本的气候援助分为官方发展援助（ODA）和除 ODA 以外的政府资金（OOF）。ODA 包括赠款、技术援助、优惠贷款、多边基金等，OOF 包括日本国际协力银行（JBIC）的共同融资（co-financing）和公共融资基础催化的私人融资等。

日本气候援助占其 ODA 的比重比较高，2006 年这一比例最低，却依然达到了 12.5%。2009 年以后这一比例一直在 50%以上。

日本的气候资金主要是无偿赠款和优惠贷款，同时，日本也鼓励使用多种融资工具，提倡私人资金的贡献。其中，贷款首先为主要融资工具，其次为 OOF 的融资工具（JBIC 的共同融资、公共融资基础催化的私人融资等），无偿赠款所占比例比较小。

（三）实施机构

日本气候援助的管理和执行主要涉及日本外务省（MOFA）和日本国际协力机构（JICA）。MOFA 对援助有协调统筹权和政策制定权。而 JICA 是其下属的执行机构。此外，日本财政部主要负责对世界银行、IMF 和地区发展银行的援助。

MOFA 下设 11 个局，其中国际协力局（ICB）与气候援助关系最密切。ICB 主管与援助相关的事务，主要的功能为：ODA 的政策制定与执行；全球事务和发展合作方面的政策制定；人类安全和全球健康相关事项管理；联合国及其他社会经济事务相关机构的外交政策制定；全球环境和气候变化相关事项管理；国际经济合作形势调查及数据收集汇编；JICA 相关事务管理；人道主义援助及日本灾害救助队派遣相关法律执行；援助非政府组织及其他相关经济合作组织。ICB 下专门设气候变化部，管理相关事务。

JICA 最早只是一个负责技术援助的执行机构，主要的工作是培训海外人才、向海外派遣专家、以开展项目方式进行技术合作、实施开发调查、提高援助效率、向海外派遣青年志愿者服务队等①。国际协力银行（JBIC）也参与援助的执行，它全额承担 ODA 中的日元贷款部分和 ODA 以外政府资金（OOF）。MOFA 主要负责援助中的赠款部分。2008 年 10 月，为了提高援助质量，原 JICA 与负责开发优惠贷款的日本国际

① 李小云，王伊欢，唐丽霞，等. 国际发展援助：发达国家的对外援助 [M]. 北京：世界知识出版社，2013.

协力银行（JBIC）、MOFA负责无偿赠款的机构合并，组成新的JICA。这样，JICA就从单纯的技术援助执行机构转变为新的执行包括赠款、贷款、技术援助的综合性对外援助组织。

除此之外，农林渔业部、经济贸易工业部、环保部、国土交通旅游部对赠款、贷款、技术援助也负有责任。

多边资金主要投向发展机构和多边基金如GEF、CIF、UNDP、UNEP、WFP（World Food Program）、ITTO（International Tropical Timber Organization）。

（四）优先领域和地区

日本的气候援助主要关注减缓。而减缓领域主要关注的是相关政策的制定，提倡可再生能源如太阳能、风能、地热能等，以及引入高能源效率设施。

除此之外，日本的气候援助还将注意力放在气象分析和预测、降低灾害风险、提高农业生产率、森林保护、供水系统建设、能力建设等方面。

日本的气候援助主要关注亚洲国家，对非洲国家的关注度也比较高。从项目的分布来看，亚洲无疑是最受重视的（见图4-5）。

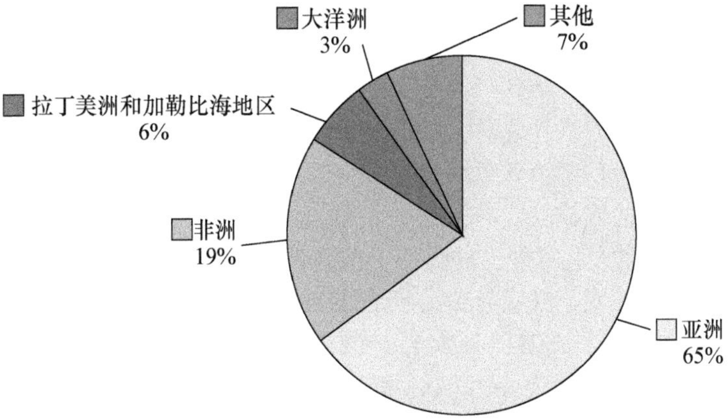

图4-5　日本气候援助的地区分布（按项目数量）

七、澳大利亚

（一）气候援助的基本政策目标

澳大利亚气候援助的重点是支持最脆弱国家，尤其是亚太地区国家气候变化的适应、创造私人部门投资的环境、解决市场失灵、通过例如研究低碳技术的发展和示范等推动经济转型。

（二）资金规模和渠道

自第五次《国家信息通报》（National Communication）提交之后，澳大利亚共计提供了大约 4.9 亿澳元（约合 3.6 亿美元）新的资金，而快速启动承诺（2010—2012 年）总共达到 5.99 亿澳元（约合 4.4 亿美元）。澳大利亚气候资金的来源是援助预算。

澳大利亚的气候援助都来自官方发展援助（ODA）。澳大利亚 2010—2011 财年①（FY）到 2012—2013 财年的 ODA 约为 141.84 亿澳元，意味着气候援助约占 ODA 的 3%。德国的这一比例接近 33%，而日本更是高达 50%以上（当然也有学者批评日本是新瓶装旧酒）。澳大利亚的气候援助在发展援助中并不具有非常重要的地位。

有关 ODA 的相关文件也可以证明这一点。澳大利亚援助项目的目的是通过对可持续经济发展和减贫的贡献维护澳大利亚国家利益。ODA 相关的文件并没有直接提到气候变化。ODA 的优先投资领域为基础设施、贸易、国际竞争；农渔业、水；政府有效性；教育和健康；抵抗力建设：人道主义援助、灾害风险降低、社会保护；性别平等。气候变化是抵抗力建设下一个比较小的主题。

由此可以看出，澳大利亚的气候援助并不是发展援助的重要组成部分，没有得到足够的重视。

查看澳大利亚提交的气候资金表格，可以看到所有的资金都是通过直接赠款提供的。优惠贷款等资金工具可能没有在气候资金中被使用，或者没有计入气候资金，这还需要进一步的研究。

（三）实施机构

澳大利亚国际发展署（AusAID）承担澳大利亚 80%以上的对外援助。发展有效性办公室（ODE）是其专门的有效性评估机构，负责向总干事报告关于澳大利亚援助活动取得的进步和面临的挑战。

AusAID 隶属于澳大利亚外交外贸部，负责管理澳大利亚政府对外援助项目。其主要工作领域有教育、环境、健康与劳动安全慈善捐助、供应链和社会标准、妇女和儿童。AusAID 的职能包括援助项目发布、援助项目启动和机构运行。AusAID 下设 ODE、发展有效性监督委员会（DESC）和审计部。AusAID 的资金主要来自澳大利亚政府，分为两部分，一部分是援助项目的费用，另一部分是机构本身行政运行的费用。政府通过服务性账户和特殊账户对援助项目进行拨款。

ODE 成立于 2006 年，负责跟踪监测澳大利亚对外援助项目并对项目结果进行评估，其负责管理的领域独立于 AusAID 所管理的援助项目。

澳大利亚国际农业研究中心（ACIAR）是澳大利亚发展合作项目的法定执行机构，主要职责包括开展提高发展中国家农业可持续性的研究，对资助项目的研究结果进行推广，组织并资助研究性的发展项目，代表澳大利亚政府致力于对国际农业研究中心作出贡献。

在气候援助方面，AusAID 主要负责气候资金和技术合作，ACIAR 在气候变化项目和技术、运输、林业、农业、废弃物管理、海岸管理、能力建设等方面发挥作用。此外，可持续、环境、水、人口、社区部，资源能源和旅游部，公共福利科学和工业

---

① 澳大利亚以财年（Financial Year，简写为 FY）作为结算的时间分界点。

研究组织，澳大利亚地球科学等机构在气候项目、能力建设等领域发挥作用，而工业、创新、气候变化科学、研究和高等教育部在技术合作方面发挥作用。

（四）优先领域和地区

澳大利亚非常关注气候变化相关的科学研究、市场机制以及灾害风险管理，因此澳大利亚气候援助的优先领域为碳市场的完善、海岸管理、灾害管理、气候变化相关的研究。

值得注意的是，虽然澳大利亚认为碳市场的完善是其气候变化援助的一部分，但相关的活动主要与其他发达国家合作进行。

澳大利亚将发展援助集中在某些国家或某些地区，以提高援助的效率，增进援助的效果。目前澳大利亚的发展援助集中在印太地区，尤其是澳大利亚临近的国家。

关于澳大利亚的气候援助，通过其提交的气候援助记录表可见其气候援助（合作）主要针对中国、欧洲国家、印尼、日本、新西兰、巴布亚新几内亚、韩国等。与发展援助相似，澳大利亚的气候援助主要集中在亚太地区，对非洲地区也略有涉及。

八、中国气候变化南南合作的展望和建议

开展应对气候变化的南南合作，是中国在发展中国家阵营趋向分化的背景下采取的战略性措施，既有利于实现发展中国家的互利共赢，协调发展中国家的立场，维护发展中国家的共同利益，也有利于帮助中国应对国际社会在气候变化方面对中国施加的压力，树立负责任大国的形象，还有利于中国的企业走向世界。

（一）中国开展应对气候变化南南合作的机遇

中国国内经济和科技的发展为开展南南合作提供了保障。南南合作需要大量的资金和技术，也需要科学研究。2011—2014 年，中国共计为南南合作提供约 4400 万美元的资金。气候友好型技术的转移是南南合作的重要部分，而在大气、气象等方面的科学研究也是开展南南合作、帮助其他发展中国家进行气象预测、有针对性地开展能力建设的必要条件。如果没有国内经济和科学技术的快速发展作为支撑，开展南南合作就会面临重重困难，进展缓慢。

广大发展中国家确实有开展应对气候变化南南合作的需求，并且这种需求将呈上升趋势。虽然广义上的南南合作是以消除贫困为主要出发点，但一方面气候变化本身就会对发展中国家的农业、生态等产生不利影响，另一方面气候变化越来越成为这些发展中国家关注的问题，将发展与应对气候变化结合起来已经是或者将成为发展中国家进行发展的思路。因此，发展中国家对开展应对气候变化南南合作的需求是强烈的。

开展南南合作的渠道越来越广。除了双边的合作包括节能物资捐赠、人员培训、合作开展科学研究等之外，一些国际组织也参与到南南合作之中，在融资、管理等方面发挥作用，而私人部门的参与也促进了南南合作中的资源有效利用。

多年的南南合作巩固了中国与其他发展中国家的友谊，积累了经验并且培养了许

多相关的人才，有助于未来南南合作的进行。例如，在中国与非洲的南南合作中，中国符合非洲国家国情和当地需要的援助维护和增进了中非友谊，所培养的一批了解中国国情的非洲官员以及一大批高级专业技术人才极大满足了当地技术、管理上的需要，而我国也涌现了一批熟悉非洲文化和国情的人员，这对于未来的南南合作是极为有利的。

（二）中国开展气候变化南南合作的挑战

第一，气候资金需要进一步扩充。虽然中国已经为南南合作提供了大量的资金，但是总体来说规模还不够大，在发展中国家援助需求增长的情况下，不能满足南南合作的需要。扩充气候资金，不仅需要进一步扩充公共资金，还需要让私人部门参与进来，提供一部分资金。另外，资金的监管也是需要高度关注的问题，如果无法对资金的使用进行有效的监督和管理，就无法达到南南合作的目的，无法实现资源的最大化利用。

第二，随着合作面的扩大和合作的深入，充分了解受助国的国情和需要是个巨大的挑战。未来，南南合作将涉及更多的国家，与已经有合作的国家的合作则需要进一步深入。这就要求我们充分了解各国真正的需要，为各国提供适应其国情及实际需要、能真正发挥作用的帮助。要做到这一点，需要通过双边磋商、考察等多种形式了解各国真正的诉求，也需要通过国际组织等第三方机构进行资源的管理和调配。

第三，气候援助需要尽快与发展援助融合。如果把气候援助与发展援助剥离开来，就有可能导致气候援助作出的努力被发展带来的负面影响抵消。必须将二者结合起来，将应对气候变化渗透进如粮食安全、公共健康等发展的各个方面，使气候援助与发展援助形成一个完整的体系，促进发展中国家的气候友好型发展。这是未来的方向，是应对气候变化的必然选择。

第四，需要使南南合作更好地为外交服务。南南合作绝不仅仅是帮助其他发展中国家适应气候变化，它还可以帮助我国增进与各国的关系，提高我国的国际影响力。为了达到这一目的，我们必须加强南南合作的研究，制定相应的战略和规划，并且增强南南合作的针对性，以使南南合作更好地发挥双重作用。

第五，协调和监管机制需要进一步完善。气候变化南南合作涉及多个方面，如果只由一个部门负责显然是不科学的，而如果要多个部门共同负责，就要格外注意各个部门的协调和合作，这样才能协同合作，提高效率，达到目标。而对于各个部门的各个项目的全过程的监管也是必要的，否则就有可能导致资金利用不科学，决策过于随意等结果。

第六，需要促进合作双方的公众参与。合作双方公众参与的缺失，容易导致南南合作受到“政治性太强”的批评，不容易获得国际社会的信任和支持。要促进双方的公众参与，可以从加强对企业、民间组织的支持入手，建立针对企业的政策支持体系和管理服务体系，增加对民间组织的资金和政策支持。

（三）中国气候变化南南合作的启示和建议

第一，保证气候变化南南合作的资金规模，在气候变化南南合作中发挥重要作用，参照发达国家气候援助规模和中国气候变化南南合作现状，到 2020 年资金规模应达到 20 亿元人民币，到 2030 年达到 50 亿元人民币；

第二，推动建立气候变化南南合作的国际机制机构，与发达国家气候援助作出明确区分，如建立联合国框架下的气候变化南南合作专门机构，在 GCF 下支持南南合作的资金窗口；

第三，设立中国气候变化南南合作专门机构和资金安排，强化对气候变化南南合作的统计、管理、评估和宣传；

第四，加强与其他渠道南南合作的协调和配合，将气候变化南南合作与“一带一路”倡议和亚洲基础设施开发银行、金砖银行等机构的行动相结合，提高气候变化南南合作的影响力；

第五，利用已有的国际和区域多边机制，加强与国际组织和机构的合作，依托现有渠道，借鉴先进经验；

第六，完善沟通模式和渠道，增进对合作国家的了解，提高合作国家的参与度，确保南南合作的有效性和可持续性；

第七，建立灵活的筹资和捐赠机制，撬动私营部门资金，鼓励全社会广泛参与；

第八，打造中国气候变化南南合作特色领域，结合国内产业发展，加强预警预报、基础设施、可再生能源等领域的合作。

第五章 “基础四国”应对气候变化政策与行动

一、“基础四国”机制的由来

“基础四国”（The BASIC countries）是由巴西（Brazil）、南非（South Africa）、印度（India）和中国（China）四个主要发展中国家组成的《联合国气候变化框架公约》下的谈判集团，取四国英文名首字母拼成的单词“BASIC”（意为“基础的”）为名。“基础四国”机制于2009年11月28日联合国气候变化谈判哥本哈根会议召开前夕，在中国的倡议和推动下形成。自此之后，四国每季度轮流在本国主持召开气候变化部长级会议，就气候变化相关重点议题、发展中国家的关切进行讨论和立场协调，迄今已召开了二十九次“基础四国”气候变化部长级会议。通过这一有效的协调机制，四国在历次气候变化国际谈判协调会和缔约方大会期间以“基础四国”名义进行统一发声，已对谈判进程产生了重大影响，成为“七十七国集团＋中国”中一股不容小觑的代表性力量。

作为世界主要新兴经济体，四国在发展中国家和全球政治经济事务中都有举足轻重的地位和影响。气候变化谈判中“基础四国”机制的形成标志着面对发达国家主导国际体系的现状，发展中大国开始有意识地团结、协调并坚持自身立场，以维护广大发展中国家利益，这对现有气候变化全球治理而言是一个新变量。

二、“基础四国”的主要关切和基本立场

“基础四国”在地理上相隔遥远，文化上存在巨大差异，却为何能够就气候变化问题建立这样一个有效的协调机制呢？其根本原因在于四国国情相似，并在气候变化问题上具有共同的关切和利益诉求。

第一，作为新兴的发展中大国，“基础四国”实现可持续发展仍面临诸多问题。冷战结束后，四国经济发展迅速，在国际社会备受瞩目，中国、印度和巴西经济总量都已跻身世界十强。然而，由于四国人口基数大，各项人均经济发展指数仍与发达国家存在显著差距。例如，2009年，四国中人均GDP最高的巴西，其水平也仅相当于发达国家的20%左右，而印度的人均GDP仅相当于发达国家水平的3%；甚至，四国人均GDP与哥伦比亚、卡塔尔、新加坡等发展中国家也有相当大的差距。此外，四国仍有相当比例的人口处于本国划定的贫困线以下，其中印度的贫困人口更是高达3亿。这些相似性使得“基础四国”逐渐成为国际社会中一个新的“阶层”。

第二，作为区域大国，四国都希望成为各区域发展中国家的代表。随着经济的飞速发展，这些国家在地区事务中发挥更大影响力的诉求日趋强烈，希望能够作为区域领袖代表其他发展中国家发声，在国际上争取话语权。但是这些诉求都面临着发达国家传统势力的挤压，这使“基础四国”地域间隔遥远并未成为一种障碍，反而进一步增加了各国对各自身份的认同感，成为强化“基础四国”机制的重要因素。

第三，四国在气候变化问题上都面临来自发达国家的压力。发达国家完成工业化之后，其温室气体排放基本处于稳定并呈逐步下降的趋势。但随着经济的发展，四国的排放增长呈加速趋势，面临排放空间约束的挑战日益严峻。尽管四国能源构成和排放源不尽相同，但未来排放总量将不断上升，都将面对来自发达国家的共同压力。目前的国际体系是在西方发达国家的主导下形成的，作为现代国际体系的“后来者”，“基础四国”等发展中国家的利益并不能被充分考虑，这一因素使“基础四国”在气候变化问题上自然走到了一起。

第四，发展中国家的诉求开始发生分化，必然形成次级集团。在国际问题上，“七十七国集团＋中国”作为发展中国家的广泛代表，一直致力于维护广大发展中国家的利益。然而近年来，各个发展中国家的利益诉求发生了变化，也不断形成了代表各自利益的新群体，如小岛屿发展中国家集团、最不发达国家集团、非洲国家集团，等等。这些小国集团的出现更加凸显了面临相似挑战和拥有共同利益诉求的“基础四国”，在一定程度上促成了“基础四国”机制的出现。

这些相似性和客观因素使“基础四国”在气候变化问题上对于维护现有《公约》体制和广大发展中国家团结的立场更为坚定，也因此与力图在气候变化问题上向发展中国家转嫁责任的发达国家形成了某种程度的对立。“基础四国”在2009年底一成立便成为“七十七国集团＋中国”的支柱力量，其共同的立场主要体现在以下几个方面：在《公约》体制内，坚持公平和“共同但有区别的责任”原则，严格遵循联合国的议事规则和相关谈判授权；坚持发达国家应率先采取行动，切实履行《京都议定书》的承诺，承担绝对量化减排义务，发展中国家在可持续发展的框架内开展适合本国国情的减缓行动；发达国家要切实落实为发展中国家提供资金、技术和能力建设支持的承诺，支持发展中国家在获得支持的前提下开展符合本国可持续发展需求的减缓行动；坚定支持“七十七国集团＋中国”，共同维护广大发展中国家的集体利益。

三、“基础四国”气候变化南南合作的政策行动

（一）巴西

巴西在应对气候变化领域雄心勃勃，在应对气候变化方面也具有鲜明的特色。可再生能源在巴西的能源结构中占38%，因此，巴西温室气体排放的主要来源并非化石燃料的使用，而是扩大耕地面积和城镇建设而导致的毁林活动。同时，巴西民众注重保护环境和应对气候变化，对气候变化的关注程度在全球层面都处于领先地位，私营部门和非政府组织等民间团体在应对气候变化进程中都担任重要角色。因此，巴西开

展的气候变化南南合作具有以下两大特点：

首先，巴西主导的应对气候变化南南合作重点突出，主要围绕发展清洁能源和保护亚马孙森林这两大主题，集中力量打造了鲜明的合作品牌，为促进和深化相关合作以及吸引更多的资金技术资源奠定了良好的基础。在发展可再生能源方面，巴西依托自身的资源优势，积累了大量的经验并掌握先进的相关技术。巴西积极与发展中大国开展可再生能源合作，寻求优势互补，促进相关产业发展。2004 年巴西与中国签署《新能源和清洁能源领域的合作备忘录》，2009 年建立“巴西—中国创新技术、气候变化和能源中心”。同时，巴西也为不发达国家提供了大量实质性的援助，2007 年为尼日利亚“生物燃料城”建设提供 1 亿美元的首批投资，2009 年与莫桑比克签署投资 60 亿美元协议，协助莫桑比克开发生物能源 。亚马孙森林在调节气候和固碳方面发挥着不可替代的作用，对于相关区域的生态环境和当地居民生计来说也至关重要。作为区域大国和新兴发展中国家，巴西在保护亚马孙森林应对局地危机和全球气候变化方面责无旁贷。早在 1977 年，巴西倡议成立了“亚马孙条约组织”，就促进亚马孙森林保护及该地区可持续发展加强磋商与合作；巴西推动开展了多个森林保护合作项目，如“亚马孙区域保护项目（ARPA)”，吸引了德国等发达国家合作伙伴以及大量资金的支持和技术援助，如 2008 年 2 月 12 日巴西与法国合作建立的“泛亚马孙地区的科学研究中心”、2008 年 8 月 7 日巴西为募集发达国家援助建立的“亚马孙基金”、巴西同美国组织的“创新森林投资论坛”等。

其次，巴西注重鼓励私营部门和非政府组织的参与，建立了层次丰富的合作体系，充分发挥不同利益相关方的优势，提升合作的效益。政府积极行动的同时，巴西国内的私营部门和非政府组织在推动应对气候变化南南合作中也发挥了重要的作用，有效地将诸多潜在合作机会转化为务实项目，以灵活多样的方式促进了巴西与合作国的沟通交流，建立的多层次合作体系帮助巴西在气候变化南南合作领域实现了事半功倍。在私营部门合作方面，中国企业在巴西投资生物质燃料和可再生项目的案例屡见不鲜。2008 年 3 月，河北保定天威英利新能源公司与巴西公司签署了建设太阳能发电工程战略合作谅解备忘录，于 2009 年在巴西建设光伏电站；2010 年 12 月，河南许继风电科技有限公司与巴西圣卡塔林娜州政府签署协议，在此后的 2～4 年内合作开发建设该州 2000MW 风电场，合作总投资约为 45 亿美元。非政府组织等民间团体在相关领域作出了杰出的贡献，近年来也积极推进相关领域的南南合作。2007 年 9 个非政府组织提出了“珍爱森林和结束毁林的国家契约”倡议，引起国际社会关注并促进了对亚马孙基金注资和相关国际合作；亚马孙人类与环境研究所建立了亚马孙热带雨林卫星监测系统，向政府、媒体以及相关的监管和执法部门提供亚马孙地区毁林的月度数据，有效地促进了亚马孙森林保护的国内行动与国际合作。

（二）印度

印度人口众多、气候条件复杂、能源结构以煤为主，在可持续发展和应对气候变化方面都面临着严峻挑战。印度在应对气候变化问题上一直强调公平和正义，呼吁发达国家承担由于其历史累积排放导致的责任和义务，而印度当前的首要任务仍是脱贫和社会经济发展，其应对气候变化行动应在可持续发展的框架下进行，并以获得国际支持为前提。根据经合组织的统计，印度是目前获得气候发展援助最多的国家，这一身份使印度在气候变化南南合作中与其他新兴发展中大国的角色又略显不同，更体现了平等共赢的合作理念。在有限资金的支持下，印度在气候变化南南合作中更聚焦其优势领域，在合作的地区范围上也采取循序渐进的策略稳步推进。

首先，印度在推动气候变化南南合作过程中脱离了赠款、赠送物资、技术培训等传统的援助模式，探索出更具“平等共赢”特征的合作方式。印度在非洲的气候变化合作主要通过政策引导企业投资的模式进行，以互利互惠、共同发展为决策依据，印非企业间的合作也被非洲国家视为平等的双赢模式而非不平等的附庸关系。

其次，印度将气候变化合作与其优势产业有机结合，形成合作亮点。印度依托其在空间科学技术上的优势，与非洲发展中国家开展相关合作，弥补后者在应对气候变化的预警预报方面的不足。印度出资 10 亿元与非盟合作推行了“泛非电信网络”计划，建立信息平台为非洲国家获取并利用能源、土地、气象、自然资源等各领域信息提供便利，促进提高非洲国家适应气候变化和应对气候灾害方面的能力 。

第三，在有限资源的支撑下，印度在合作区域范围上也划定了重点，制定分阶段的合作计划，有助于集中资源、扩大国际影响力。南亚国家始终是印度开展国际合作的重点合作伙伴，主导南亚在区域范围内发挥领导力一直是其对外工作的重要目标之一，应对气候变化区域合作也成为印度落实这一目标的重要领域。印度也十分重视与非洲国家之间的合作，2004 年推出了“聚焦非洲”计划，不断拓展与非洲的交流合作。在重点区域合作的基础上，随着能力提高，印度不断加强在多边南南合作中的参与力度，提出了一系列多边倡议和活动，包括东南亚国家联盟-印度合作论坛、印度-湄公河流域合作网以及印度-太平洋岛国论坛等。

（三）南非

作为非洲大国，南非的对外合作理念以引领“非洲复兴”为核心，在国际气候谈判中也一直扮演非洲代言人的形象，在凝聚非洲集团乃至发展中国家集团方面发挥了不可或缺的作用，一直积极推动适应气候变化、资金和技术转让机制等非洲国家的核心关切议题。虽然与“基础四国”其他三国相比，南非在经济社会发展以及减缓和适应气候变化领域的优势并不明显，但南非利用区位、文化和体制机制等方面的有力条件开展了独具特色的应对气候变化南南合作。

首先，南非重视集团的力量，强调非洲国家之间的南南合作，有机整合了区域资源，有助于推动整个非洲区域与其他国家的合作。在应对气候变化国际合作领域，非洲集团多次强调“用一个声音说话”，2011 年南非开普敦举行的世界经济论坛非洲会议气候变化问题专场中，时任南非总统祖玛也特别呼吁非洲国家领导人必须团结一致，避免非洲国家内部的博弈和互相消耗。在国际社会眼中，南非在很多场合都代表了非洲的共同利益，非洲国家的团结支持也提升了南非的国际影响力。

其次，南非充分利用多边平台，深化沟通交流，提升国际形象。一方面，南非依托自身文化和定位的特殊性，建立广泛的同盟和交流机制，包括在气候变化谈判中加入非洲集团、“基础四国”等联盟，在绿色发展领域，南非也积极推动印度巴西南非对话论坛、环印度洋区域合作联盟、亚非新型战略伙伴关系等行动及合作倡议，南非与欧盟等发达国家也建立了通畅的沟通渠道；另一方面，南非积极推动多边进程并担任重要角色以提升影响力，通过召开缔约方大会，南非获得了德班平台谈判授权等重要的气候遗产，在《巴黎协定》谈判关键阶段，南非还担任了“七十七国集团＋中国”阵营的主席，在凝聚发展中国家共识、推动谈判进程方面发挥了关键的作用。南非的影响力不仅取决于个体的实力，其与国际社会行为体构成的关系网络中的所处地位也尤为重要。南非在建立合作网络、整合资源方面的努力有效提升了其国际形象，为其在气候变化南南合作中施展拳脚奠定了坚实的基础。

第三，南非在气候变化南南合作中注重体制机制创新，有效调动全社会资源。南非煤炭资源丰富，但清洁能源发电成本较高。为解决此问题，南非政府建立了“绿色电力交易机制”，利用市场有效配置资源推动清洁电力发展。在绿色电力交易机制下，在南非经营的高污染行业企业需要通过购买绿色电力以抵消其造成的环境污染，有效扩大了绿色电力的需求，吸引国际资本投资南非清洁能源，并促进了企业间的清洁能源合作。

（四）中国

中国是目前世界第一大温室气体排放国，2014 年二氧化碳排放量占全球 28%。同时，中国经历过去几十年的飞速发展，也已经成为世界第二大经济体，综合国力和国际影响力都有所提高。中国采取了积极有效的应对气候变化措施，认真履行向国际社会作出的承诺。虽然，在国内仍面临着保持经济增长、完善基础设施、调整经济结构等根本性挑战，但中国秉承负责任的态度，积极主动地承担与自身责任和能力相符的义务，积极为应对全球气候变化作出贡献。

中国一直是气候变化南南合作的支持者和实践者。

首先，中国高度重视气候变化南南合作，相关工作得到有力的推进和支持。中国国家和政府领导人多次在国际场合强调应对气候变化南南合作的重要意义并作出实质性承诺，彰显了中国在推动相关工作方面的积极态度和坚定信心。2012 年 6 月，时任国务院总理温家宝在联合国可持续发展大会上宣布在后续三年中提供 2 亿元人民币支持应对气候变化南南合作；2014 年 9 月，时任国务院副总理、国家主席习近平的特别代表张高丽在联合国气候峰会上宣布将增加用于气候变化南南合作的资金，并建立气候变化南南合作基金；2015 年 9 月，中美发布元首气候变化联合声明，宣布中国气候变化南南合作基金的规模为 200 亿元人民币；2015 年 12 月，习近平主席在气候变化巴黎大会上提出了气候变化南南合作“十百千”计划。

其次，中国与发展中国家的南南合作源远流长，应对气候变化南南合作也取得了阶段性成果，建立了良好的合作基础。中华人民共和国成立伊始，在国内百废待兴、物资缺乏的情况下，中国仍向非洲等发展中国家派出了医疗、基础设施建设等援助队伍，并提供发展援助资金和物资，与南方国家建立了深厚的国际友谊。在气候变化领域，截至 2017 年，中国已与二十多个国家和地区签署了物资赠送谅解备忘录，累计部署了7.2亿元人民币专项资金支持，向发展中国家赠送了大量节能产品，累计为120多个发展中国家提供了4000多个培训机会。

第三，中国采取了积极的应对气候变化行动，在减缓和应对气候变化领域积累了宝贵经验，培育了相关产业和产能，在发展可再生能源、提高能效、预警预报、防灾减灾及相关基础设施建设领域有明显的比较优势。为实现降低碳强度、提高非化石能源占比和增加森林碳汇的减缓气候变化目标，以及不断提高应对气候变化能力，中国在提高能效、可再生能源开发利用、森林管理、减灾防灾等领域形成了较完备的技术体系，掌握了很多成本低、易操作、见效快，且广泛适用于发展中国家的技术。

与此同时，国际合作规模快速扩大，也使中国面临着体制机制和人才队伍建设不足等瓶颈制约问题。随着中国应对气候变化南南合作以及更广泛的“主动合作”战略不断推进，现有的体制机制已对相关工作的推进形成了制约，很多研究都指出了目前存在的多头治理、透明度不足、事前评估和绩效评估欠缺等问题。在合作执行层面，专业人才不足也成为棘手的挑战之一。加快体制机制调整，制定人才培养和储备战略势在必行。

四、启示和建议

南南合作对于推动全球应对气候变化进程有重要的意义。发展中国家地理位置相邻、发展阶段相似，面临气候变化挑战的同时也面临着经济、社会发展的多重挑战，南南合作是发展中国家相互交流、相互学习、相互促进的重要渠道，南南合作应成为促进应对全球气候变化的务实高效、互利共赢的多边机制和平台。新兴发展中国家在这个进程中扮演重要角色，通过前文的梳理和总结，“基础四国”的已有经验和不足可为今后推动气候变化南南合作提供以下借鉴和启示：

首先，应整合优势资源，把握阶段重点，稳步推进应对气候变化南南合作。从巴西、印度和南非的经验来看，在有限资源和能力的支撑下，集中力量、突出重点是提升气候变化南南合作效果的有效方式，避免资源分散可以在一定程度上确保开展“有质量”的合作，规避在快速扩张的过程中产生疏忽、误解和失误而给合作伙伴留下负面印象。

其次，应突出优势领域，打造应对气候变化南南合作的国家品牌。巴西通过聚焦发展清洁能源和保护亚马孙森林领域的合作塑造了专注、专业的形象，依托“品牌效应”，在拓展和深化相关领域合作的过程中显著降低沟通成本，并能够吸引更多的合作伙伴以及资金和技术支持。

第三，应加强自身能力建设，加快配套体制机制创新，通过更灵活的合作方式有效配置资源，提高合作效率。针对不同国情，发展中国家在推动气候变化南南合作的进程中各国应在国内开展有针对性的能力建设，全面提高管理、监督和评估能力，培养和储备人才。同时，应特别注重在国际合作中给予执行机构一定的灵活性，促进政府、企业和民间的合作，在对外合作过程中形成合力，利用有限资源发挥最大的合作效益。

第四，应依托现有的区域和全球多边机制和平台，结合国家外交和对外合作整体战略，借势推动气候变化南南合作。新兴发展中大国都希望在国际事务中发挥更重要的作用。近年来，“基础四国”在区域合作、全球治理等方面都采取了更积极的策略。中国在实施“有所作为”的外交战略过程中也提出了“一带一路”等倡议，在G20、中国—东盟、中非等多边机制下也力争作出更具建设性的贡献。气候变化南南合作是各国落实对外战略参与全球治理的重要抓手，依托现有机制平台和国家对外战略也将使气候变化南南合作事半功倍。

第六章　道路交通减排政策的国际比较

随着全球平均温度的不断升高和全球性能源紧张，气候变化成为全球关注的共同问题，节能减排已经成为国际社会的共同责任。交通运输业作为国民经济和社会发展的基础产业和服务行业，也是社会经济活动中物流和客流的载体，在国家经济和社会发展中具有重要的作用。同时，交通运输是石油消费的重点行业，是仅次于制造业的第二大油品消耗行业，因此，也是实现低碳生活发展路径的重点行业。

我们对比了目前在道路交通部门排放控制方面较为出色的欧盟、美国、日本所做的尝试和取得的成果，并由此分析我国能在道路交通减排方面作出哪些努力。

一、道路交通部门温室气体排放现状和趋势

交通部门是全球石油消耗最大和增长最快的部门，也是全球二氧化碳排放增长最快的领域之一。作为世界上第二大温室气体排放部门，交通部门在 2008 年排放了 66 亿吨二氧化碳，约占全球化石燃料利用排放二氧化碳总量的 22.5%，仅次于供电和供热部门的 37.3%。2009 年全球交通部门排放二氧化碳 65.44 亿吨，占能源活动二氧化碳排放总量的 23%，全球道路交通运输排放 48.77 亿吨二氧化碳，占交通部门排放量的 74.52%，比 2008 年比例略提高 0.5%。道路交通是交通领域二氧化碳排放强劲增长的主要驱动力和绝对主体，1990—2008 年，全球道路交通二氧化碳排放增加了 47.5%，其中 OECD 国家增长了 30%，非 OECD 国家增长了 88.71%，非 OECD 国家中亚洲国家（不包括中国）增长了 111.10%，而中国增长了 410.30%。同时，全球道路交通二氧化碳排放占交通领域二氧化碳排放比例始终保持在 70%以上，2008 年欧盟 15 国①（EU-15）该比例甚至达到了 93.17%。根据 IEA 计算，2009 年全球交通用油占全球石油总消耗的 61.7%，总量达到 21.36 亿吨标油，比 1973 年增长了 110%。

交通部门是绝大多数发达国家二氧化碳排放保持较高增速的部门。2008 年全球交通部门二氧化碳排放是 1990 年的 1.44 倍，2030 年预计会比 2007 年增长 41%，达到 93 亿吨。美国 2008 年交通部门二氧化碳排放共 17.95 亿吨，占美国 2008 年二氧化碳排放的 30.32%。1990—2008 年，美国交通部门二氧化碳排放上升了 20%。欧盟（EU-15）2008 年交通部门二氧化碳排放量为 8.29 亿吨，占二氧化碳排放总量的 24.98%。EU-15 大部分工业领域都做到了成功减排，而交通部门二氧化碳排放却在 1990—2008 年期间增长了 21%。

---

① 欧盟 15 国即法国、德国、意大利、荷兰、比利时、卢森堡、丹麦、爱尔兰、英国、希腊、西班牙、葡萄牙、奥地利、芬兰、瑞典。

全球交通部门燃料消费量2007年增长到1971年的两倍多，每年增长速度稳定在2%～2.5%之间，增长趋势和全球经济增长速度近乎平行。道路客运和道路货运的增长速度很快，其绝对增长量位居第一，并且始终占据交通燃料消费的主体。航空运输（国内和国际）是第二大燃料消费的交通模式，并且是增长速度最快的交通模式。

尽管全球交通燃料消费不断增长，不同的国家和地区，人均交通燃料消耗水平以及燃料类型组合依然差异很大，从而导致不同地区和国家的交通人均二氧化碳排放水平有较大差异。

北美地区的人均交通燃料消费水平最高，2007年达到2300吨标准油/1000人，而其他地区例如非洲部分地区，人均交通燃料消费仅为100吨标准油/1000人。不同地区交通周转量、交通模式和燃料类型的较大差异是交通燃料消费水平差异的核心原因。

石油是全球交通燃料的绝对主体，占据95%，包括汽油、柴油、煤油/航空煤油以及重油。一些国家如俄罗斯及东欧国家使用较多的天然气，南美地区的生物质燃料如生物乙醇也占据较高比例。但整体而言，汽油和柴油是交通燃料的主体，主要用于道路交通和水运，而煤油则主要用于航空。

不同交通模式组合也会带来不同燃料消耗和二氧化碳排放水平，OECD国家在客运交通上比非OECD国家更加依赖轻型载客客车（如SUV、轿车、运动型汽车等）。同时，OECD国家的人更多地使用航空，而发展中国家的公交比例较高，同时两轮（摩托车等）和三轮的机动车比例也较高。全球轻型载客汽车的保有量增速很快，在2007年达到了7.8亿辆，从1990年到2007年，轻型载客汽车保有量增加了60%，平均每年增加3%，绝大部分都是使用汽油作为燃料。同一期间，全球人口从52亿人增加到65亿人，增加了25%。这从某种意义上反映出人均汽车拥有量的提高。OECD国家很多家庭都能拥有一辆汽车，发展中国家的轻型载客汽车人均保有量低，但增长速度很快。

（一）美国

美国被誉为“车轮上的国家”，其交通运输业的发达可想而知，其排放的温室气体亦影响较大。据测算，当前美国交通部门能耗占能源消费总量的28.1%，其温室气体排放量占总温室气体排放量的27%。随着美国经济的增长与人口机动化出行需求的增加，未来交通用能需求与温室气体排放仍会显著增加。

美国交通部门的温室气体排放量具体数据见表6-1。

表6-1 美国交通运输历史排放统计 （单位：Mt CO_{2eq}）

	2000	2005	2010	2011
排量	1861	1931	1786	1765

以2011年为例，交通运输产生的温室气体排放与其他主要排放源对比见表6-2。

表 6-2　2011 年美国主要排放源排放量　（单位：Mt CO_{2eq}）

	交通运输	能源消耗	工业过程	农业	林业和土地使用	废弃物处理
排量	1765	3981	331	461	37	128

根据美国环保署 2013 年的统计，交通部门中最多的温室气体排放来自乘用车，占总量的 41.2%。包括 SUV、皮卡和迷你敞篷车在内的轻型卡车温室气体排放量占 17.4%，货运卡车占 21%，铁路占 6.5%，飞机占 6.1%。美国道路交通的排放量在交通部门的占比可见一斑。

根据美国人口普查局的估计，到 2050 年，美国人口预计将增加 42%，由此可以预见，美交通需求仍将保持强劲增长势头。美国交通部预测，如果保持现有的增长速度，到 2035 年，交通部门的温室气体排放量将增加约 10%；到 2050 年，二氧化碳排放量将从 2010 年的 18 亿吨增加到 23 亿吨，届时将占全球运输排放量的 1/4。

根据美国能源信息管理局（EIA）的统计数据，2010 年美交通部门能耗为 4665.45 百万桶油当量，交通能耗占总能耗的比例约为 28.1%。2010 年美交通部门温室气体排放量约为 18 亿吨二氧化碳当量。情景分析结果表明，2050 年照常情景（BAU）下温室气体排放量为 22.85 亿吨，如果采取减排措施，到 2050 年，在低、中、高减排情景中，美交通部门温室气体排放量分别为 15.07 亿吨、10.9 亿吨和 6.22 亿吨，即 2050 年温室气体排放量将在 2010 年的水平上分别下降约 17%、39%和 65%。

（二）欧盟

来自电力和热力生产部门的二氧化碳排放是欧盟 15 国最主要的排放源，2011 年占了温室气体排放总量的 24%，道路交通的二氧化碳排放量紧随其后，2011 年的排放量占温室气体排放总量的 20.4%（见表 6-3）。

表 6-3　欧盟交通部门历史排放　（单位：Kt CO_{2eq}）

	1990	1995	2000	2005	2008	2009	2010	2011
排量	685397	744997	815549	845138	822084	802028	796665	787083

1990—2011 年，由于化石燃料消耗量的增长，欧盟 15 国道路交通部门的二氧化碳排放量增长了 16%。自 2007 年以来，来自制造业、建筑业和公共电力和热力生产的能源相关的减排抵消了道路交通相关的二氧化碳排放量的大幅上涨。2011 年冬天比往年更暖，导致供暖需求减少，并降低了住宅和商业部门的排放。

2010—2011 年，由于客运货运量同时减少，道路交通的排放量连续第四年呈现下降趋势，共减少 860 万吨排放量，实现减排 1.2%，成为温室气体 1.596 亿吨二氧化碳当量减排的主要因素之一。

（三）日本

2011 年，日本的温室气体排放中与能源相关的超过 90%，达到 95.6%。根据统计数据，交通部门的排放在能源相关排放中的占比仅次于能源工业和制造建筑业，达到

17.9%。在此前20年间，来自交通部门的二氧化碳排放在各部门排放中仅次于能源工业和制造业，一直位居第三（见表6-4）。

表6-4 日本交通部门温室气体历史排放量 （单位：kt CO_{2eq}）

类别	1990	1995	2000	2005	2008	2009	2010	2011
民航	7162	10278	10677	10799	10277	9781	9193	9001
公路运输	189228	225381	232827	222652	205933	202018	204981	201975
铁路运输	932	819	707	644	600	586	570	568
海运	13731	14687	14865	12915	11288	10383	10716	10588
总计	211053	251165	259076	247010	228098	222768	225460	222132

从数据统计上不难看出，道路交通是日本交通部门排放的主要来源。在20世纪90年代至2005年之间，日本经济从泡沫经济破裂中逐渐复苏。这一时期内，经济的增长、国民生活水平的提高使日本道路交通的排放量持续上升。而2008年爆发的经济危机，加上油价上涨等因素的共同影响，使得道路交通的排放量开始下降。

（四）中国

在中国，随着经济快速发展、城市化进程加快、居民收入持续增加以及机动化水平不断提高，交通需求以及交通能源（主要是石油基燃料）需求持续攀升，特别是道路交通领域的温室气体排放呈现急剧上升态势。1994—2007年，交通领域的排放增长了160%，而道路交通排放增长了208%，都高于这一时期能源活动总排放118%的增长。2008年，中国二氧化碳的排放量已增至65亿吨，其中交通部门的二氧化碳排放量为4.5亿吨（道路交通为3.3亿吨），与1990年相比道路交通排放增长了440.8%。道路交通二氧化碳排放占交通领域排放的比例除个别时间段有波动以外，总体趋势是逐渐上升。中国是所有国家中经济增长最快的，2007年GDP为1990年的13.29倍，而人口增长了16%，能源利用二氧化碳排放增长了172%，能源利用二氧化碳排放很大程度上受GDP增长的驱动，但能源利用二氧化碳排放的增长趋势慢于GDP的增长，说明中国的碳排放强度在持续下降，但交通领域二氧化碳排放却增长了258%，明显高于能源利用二氧化碳排放的增长速度，不得不引起重视，并且，2007年中国交通领域二氧化碳排放仅占能源利用总排放的7.9%（包括国际航空和国际航海），远远低于发达国家的比例，意味着增长潜力和空间很大。

中国道路运输工具可以分为载客汽车、载货汽车、三轮汽车及低速载货汽车、摩托车，主要消耗汽油和柴油，其他还包括液化石油气（LPG）和压缩天然气（CNG），主要用于公交车和出租车，2007年用量极少。由于缺乏全口径道路交通运输燃料消耗量的统计数据，只能通过研究文献和专家经验估算其消耗量。根据蔡博峰等人（2011）的研究，中国汽油中约97%、柴油中约55%用于机动车。

根据公安部统计数据，截至2007年底，全国机动车保有量为15978万辆。其中，汽车5697万辆，摩托车8710万辆，挂车87万辆。全国私人机动车保有量1.2亿辆，占机动车总量的76.09%。私人轿车保有量1522万辆，占轿车总量的77.73%。在汽车中，小型载客汽车占 51.76%，而其中非出租车（包括私人、公用和商用轿车）占小型载客汽车的 95.26%，因而小型载客汽车是机动车中的主要组成部分。据估算，中国轻型载客汽车平均百公里油耗水平是 8.97L（相当于 208gCO_2/km），中型载客平均百公里油耗是 10.66L。

受国家发展水平影响，现阶段中国交通发展呈现重规模总量、轻效益质量和社会成本的特点，带来交通运输能源消耗和污染物排放也将随之快速增长。由于交通运输行业油品消耗量占全社会油品消耗量的 1/3，在全社会能源需求紧张的背景下，探索道路交通节能减排的途径，对交通运输行业的可持续发展具有推动作用。

二、欧、美、日道路交通部门主要减排政策

目前，美国、欧盟、日本都针对自己交通部门的排放趋势和减排目标提出了相应的减排政策。这些政策可大致分为以下几类：

（一）燃料品质控制

1. 可再生燃料标准

可再生燃料标准计划（RFS）起源于 2005 年的能源政策法案（EPAct），建立了美国第一个可再生能源量授权。最初的可再生能源标准计划（RFS1）要求到 2012 年有 75 亿加仑的可再生能源混合到汽油中。2007 年的能源独立与安全法（EISA）对其进行了一些修改，其中就包括将柴油纳入可再生燃料计划中，每年必须用于交通燃料的可再生燃料量大幅增加，由 2008 年的 90 亿加仑增加到 2022 年的 360 亿加仑，这是 EPAct 提出的量的 5 倍。该法令也包括生物基柴油和其他先进的生物燃料，到 2022 年每年将需要 605.7 亿升纤维生物燃料。修订后的要求还包括对可再生燃料以及用于产生可再生燃料的原料的新定义和标准，比如对可再生燃料循环周期内温室气体排放量的阈值设定。

RFS 现在由 EPA 执行。EPA 在 2010 年发布了最终规定，提出随着计划的成熟和生物燃料产品的发展，要不断增加实施途径（如：生物燃料原料）。

总而言之，RFS 有两个目标：减少石油使用、减少温室气体排放。根据 RFS 提出的减排目标，到 2020 年，RFS 将带来 1.384 亿吨二氧化碳当量的减排。

2. 燃油质量

欧盟颁布的指令 Directive 2009/30/EC 可以作为汽油、柴油以及天然气油使用的详细说明，提出了一个监测和减少温室气体排放的新机制。该指令也对内河航运船只的燃油使用做了说明，还对一些燃油参数提出了更加严格的要求。指令介绍了一个对燃料供应商具有约束力的目标，即在一个生命周期内来自燃料和能源供应的每单位能量温室气体排放量到 2020 年时比 2010 年下降 6%，它的中间目标是到 2014 年下降 2%，到 2017 年下降 4%。新技术和清洁发展机制将各自贡献 2%的减排。

如果这一指令能适当执行，到 2020 年时“从油井到车轮”的公路运输二氧化碳排放将减少 6%，即减排潜力为到 2020 年时大致减少 5500 万吨二氧化碳排放，其中包含

了间接的土地利用变化排放。

无论是燃料质量指令还是可再生能源指令中关于交通运输的部分都将被修改，因为现行立法没有考虑和计算间接土地利用变化（ILUC）相关的温室气体排放量，而间接土地利用变化配合生物燃料和生物液体的使用可以减少温室气体排放。

如今，大多数生物燃料产自小麦和油菜等土地种植的农业作物。当以前用于食品、饲料和纤维生产的农场或牧场转向生物燃料的生产时，非燃料需求仍需要得到满足。虽然这额外的需求可能需要通过对原生产进行集约化来满足，但在其他地方使非农业用地转向生产也是可以的。正是后者产生了间接的土地利用（因此称为间接土地利用变化）。虽然大多数生物燃料原料在欧盟生产，但间接土地利用变化的排放估计将主要在欧盟以外，在这些地方额外的生产有可能以最低的成本实现。在一些情况下，生产是通过额外的土地使用来实现的，如果高碳汇区如森林受到影响的话，这种土地利用变化就可能会导致大量温室气体被释放。

为此，该指令亦限制以传统生物燃料（有间接土地利用转变排放风险的生物燃料）的贡献来实现可再生能源目标。因此，该指令对 2014 年 7 月 1 日后开始操作的生物燃料的生产装置提出了温室气体排放减少 60%的最低门槛。此外，基于食物的生物燃料（第一代生物燃料）应限制在总油耗的 5%以下，这与欧盟 2011 年对第一代生物燃料占比的预测一致。这表明为了达到 10%的目标，剩下的 5%需要来自第二代和第三代生物燃料，这些燃料来自废物、废渣、非食品纤维素或木质纤维素生物质，以及公路和铁路的可再生能源发电。

（二）推广新能源汽车

1. 欧盟清洁动力运输方案

2013 年 1 月 23 日，欧盟委员会发布通报，提出了一个全面的欧洲替代燃料战略，要在所有运输方式的能源消耗上对石油实现长期替代，并提出了替代燃料的基础设施部署的相应提案。该指令要求成员国为替代能源和对应基础设施市场的发展制定国家政策框架，为替代燃料基础设施建设设定具有约束力的目标，包括通用技术规范等，还规定了在加油点和车辆贴燃料标签的方法，确保车辆/燃料相容性消费信息透明度。

该提案要求成员国根据需要和技术成熟程度，差异化提供基本的电力、氢气、气态形式压缩天然气（CNG）和液化天然气（LNG）的基础设施。

电力：成员国的约束目标由汽车保有量、城市化率和电动车保有量计算。预计花费 80 亿欧元，基础设施将于 2020 年 12 月 31 日前投放运行。

氢气：在指令生效日期之前已有氢气设施的成员国，需要保证有足够数量的对公众开放的加气站可用，两个加气站间距不超过 300 公里，以保证氢汽车能在整个国境内行驶，最迟 2020 年 12 月 31 日需要完成。预计花费 2.3 亿欧元。

压缩天然气：2020 年 12 月 31 日之前，所有成员国需要有足够数量的对公众开放的加气站来保证压缩天然气汽车实现欧盟内的正常行驶，两个站点最大间距为 150 公里。预计花费 1.64 亿欧元。

液化天然气（公路运输）：在交通走廊核心网络（TEN-T Core Network）里每 400

公里需要有一个对公众开放的加气站。预计花费 6000 万欧元。

液化天然气（水运）：分为海运和内陆水运。成员国需要保证在交通走廊核心网络（TEN-T Core Network）内，海运应在 2020 年 12 月 31 日前在所有海港建成对公众开放的液化气加气点；内陆水运应在 2025 年 12 月 31 日前在所有内陆港建成对公众开放的液化气加气点。预计花费 20 亿欧元。

对欧盟上述提案通过建模进行影响评估的结果表明，与基准情景相比，该提案到 2020 年将使交通部门多减排 0.3%，到 2050 年多减排 4.6%。出于这个目的，欧盟委员会打算在整个欧盟提供足够的替代燃料基础设施网络。基础设施的实用性将增强替代燃料运输系统市场和欧洲工业的竞争力，也有利于经济增长和就业。另外，欧盟希望此项提案能打破对石油的依赖，并对交通部门到 2050 年减排 60%的目标作出贡献。

2. 欧盟车用生物燃料发展

欧盟和各成员国通过法律形式规定生物燃料必须在车用燃料中占有一定的比例，从而保证生物燃料的市场份额；减免消费税和燃料税，以使生物燃料比常规燃料便宜。与常规汽油相比，生物燃料生产成本较高。为了鼓励生物燃料消费，欧盟允许各成员国降低对生物燃料的消费税。德国率先在欧盟利用减税措施来促进生物燃料消费。自 2003 年以来，各种生物燃料无需缴纳针对常规矿物油的每升 47 欧分的消费税。由于生物燃料产量增长过于迅猛，自 2006 年 6 月起，德国开始对生物燃料实施部分免税并提供直接补贴，主要用于补贴加工企业建设、技术研发、原料生产等。根据欧盟 2003 年改革方案，向种植能源作物的农民按照每公顷 45 欧分的标准提供名为“碳信用”的补贴。2007 年欧盟共有 200 万公顷土地享受这种补贴。

2009 年 4 月，欧盟委员会通过了包括“可再生能源指令”在内的“欧盟能源与气候变化组合方案”，该组合方案规定了到 2020 年必须实现的目标：一是温室气体排放比 1990 年减少 20%；二是能源效率比 2009 年提高 20%；三是可再生能源占欧盟能源消费总量的 10%。“可再生能源指令”于 2009 年 6 月生效。到 2010 年 12 月，各成员国必须将该指令列入国家法律，并且向欧盟提交国家行动计划。到 2020 年可再生能源占欧盟能源消费总量的 20%，是欧盟的总体目标。在这一总体目标之下，欧盟理事会根据各成员国实际情况规定了不同成员国要实现的具体目标。例如，瑞典要实现可再生能源占其能源消费总量 49%的目标，而马耳他的目标仅为 10%，德国、法国、英国和意大利的目标分别为 18%、23%、15%和 17%。但是，到 2020 年可再生能源占车用燃料消费总量的 10%，则是各个成员国必须达到的最低目标。原因是车用燃料到 2020 年预计年均增长 1%，超过任何其他领域的能源增长速度。

根据“欧盟战略能源技术规划”的要求，到 2020 年生物能源占欧盟能源消费总量的比例要达到至少 14%。2009 年，生物燃料约占欧盟能源消费总量的 5%，生物柴油和乙醇分别约占欧盟生物燃料生产总量的 80%和 20%。2007—2008 年，欧盟各成员国强制规定生物燃料的使用，导致生物柴油和生物乙醇的产量增长迅速。然而自从 2008 年夏季以来，欧盟生物柴油市场不断恶化，主要原因是原油价格下降、生物油价格上涨、生物柴油进口增加以及金融危机的发生。2009 年，欧盟生物柴油产量仅增长 9%，而乙醇产量则增加了 30%以上。2009 年、2010 年和 2011 年，欧盟车用燃料消费总量分别为 31938 万吨、32555 万吨和 32996 万吨石油当量，生物车用燃料消费总量的比例分别为 3.45%、4.05%和 4.11%，而欧盟确定的生物燃料占欧盟车用燃料消费总量的比例目标分别为 4.25%、5%和 5.75%。

3. 日本电动汽车推广政策

对电动汽车，日本政府将推动充电基础设施的发展，通过支持车辆购买来形成规模生产效应，促进价格的降低，并支持增加续航里程的研究和开发，降低生产成本。为了实现燃料电池汽车在 2015 年向市场投放，政府将复审有关燃料电池汽车和氢气基础设施的规定，并支持氢气加气站的引进。另外，政府将通过燃料效率标准（比如“领跑者标准”）来进一步提高汽车性能，并针对使用汽油的车辆按照其燃油效率来执行相应的税收优惠政策。

此外，日本大约在 30 多年前就制定并开始实施清洁能源车辆计划。2001 年，日本通商产业省（现为经济产业省）对 1997 年的计划做了补充，增加了纯电动、混合动力、燃料电压、压缩天然气以及液化石油气汽车的推广计划。日本自 2001 年开始实施汽车绿色税制以促进减排，截至 2005 年，累计涉及以上税收减免的对象车辆为 1017 万辆。针对高燃效经济型汽车，日本政府在汽车购置税方面采取了减免措施，对象包括：报废高能耗、高污染柴油车，以及更换为符合最新排放标准的新车辆。日本的车购税一般是销售价的 5%，但是针对此类汽车，结合不同的排放水平，均有不同程度的减免。另外对电动车（包括燃料电池）、甲醇、压缩天然气和混合动力车（货车、公共汽车）购置税减轻 2.7%，对混合动力车（客车）购置税费减轻 2.2%。

4. 美国车用替代燃料发展

一直以来，美国非常重视生物燃料的发展，其生物燃料的发展可概括为以下三个阶段：

第一阶段（起步阶段，2004 年前）。

法律法规：早在 20 世纪 70 年代，美国就颁布了第一部促进乙醇生产和机动车使用的法律；1992 年出台的能源政策法案鼓励替代燃料的使用。联邦政府、州政府以及替代燃料生产商的用车，被要求按一定的比例使用替代燃料。

清洁城市计划：1992 年能源政策法案下的一个志愿活动，致力于为替代燃料汽车开拓国内市场。该计划已经在一些城市推广使用低混合度乙醇和 E85 燃料（85%的乙醇和 15%的汽油混合的燃料）的汽车，这些城市主要集中在距离燃料乙醇生产商较近的中西部地区。在这些计划以及美国环境保护局的推动下，20 世纪 90 年代燃料乙醇的消费量年均增长 2.5%。

税收减免：在美国，机动车的能源征税在联邦政府和州政府都是适用的。对于混合了 10%的乙醇汽油来说，每加仑将获得 5.2 美分的减税，即每加仑乙醇燃料减免 52 美分。这项减免政策适用于混合了 10%、7.7%和 5.7%乙醇的汽油。一些州额外对乙醇减免税，尤其是乙醇产区。例如，2002 年起，爱达荷州对混合 10%乙醇的石油每加仑减免 2.5 美分（即每加仑乙醇减税 25 美分）。还有一些州减免乙醇的部分营业税，或者直接扶持乙醇生产商。

第二阶段（发展阶段，2005—2007 年）。

鼓励新工艺研发：2005 年颁布的能源政策法案有很多激励生物燃料使用的规定；第 9 章的一些条款鼓励政府、企业和研究机构合作开发先进生物燃料的生产工艺，还包括刺激以食物性植物为原料的纤维素燃料的生产，以实现到 2015 年产量突破 10 亿加仑目标。

制定标准：2005 年颁布的能源政策法案第十九章包括一个可再生能源的标准，它要求到 2006 年，每年混入汽油的乙醇要超过 40 亿加仑，到 2015 年要增加到 75 亿加仑。另外，2012 年后，这些混入汽油的乙醇中，每年要有 2.5 亿加仑是要以纤维素为原料的。

“20＋10”计划：在 2007 年的国情咨文中，布什总统提出“20＋10”计划，即在 10 年之内（到 2017 年），实现对传统能源消耗 20％的减少。主要的措施包括提高燃料的使用效率和增加可再生替代燃料的使用。这个计划也设立了一个替代燃料标准，即到 2017 年实现 350 亿加仑的年产量，是 2005 年能源政策法案所提出的目标的 4 倍多。

第三阶段（强化阶段，2007 年之后）。

加大研发支持：美国政府这期间支持了一系列的生物燃料研究项目，它们涉及生物燃料生产和使用的方方面面。其中，最典型的就是以纤维为原料的生物燃料生产，6 个纤维乙醇生产项目共得到美国能源部 3.85 亿美元的资助。

税收减免：促进生物燃料生产和使用的最主要的两个措施，是消费税和进口关税的减免。混合汽油的生物乙醇，每加仑会获得 0.51 美元的消费税减免，而对于混入柴油的生物柴油来说减免则提高到了每加仑 1 美元。在个别州，无论对小生产商还是生产能力在 6000 万加仑以上的大型厂商，减税的额度更大。从其他北美自由贸易区国家进口乙醇的税率是 1.9％～2.5％，再加上其他费用，两项的和被称为第二乙醇关税，约每百升 14.27 美元。以巴西 2007 年脱水乙醇每百升 42.05 美元的单价为基准，这两个关税分别高达 34.6％和 36.4％。然而，来自加勒比海地区的进口，在进口配额范围内是免关税的。来自最惠国的生物乙醇进口的适用税率比普通乙醇的税率低 4.6 个百分点。

颁布新的可再生能源标准：2007 年颁布的《能源独立与安全法案》确定了截至 2022 年的 360 亿加仑可再生能源标准（RFS）。同时，以玉米为原料的乙醇在未来 10 年是生物燃料的主力军，并且在 2015 年会增加至 150 亿加仑，其他明确提到的生物燃料还包括纤维素燃料和生物柴油。混入石化柴油的生物柴油，2009 年开始时的需求是 5 亿加仑，而到 2012 年这个数字至少要翻一倍。主要国家发展新能源汽车的政策措施见表 6-5。

表 6-5　主要国家发展新能源汽车的政策措施

国家	主要政策和措施
美国	税收抵扣：2004 年前后，美国的混合动力汽车进入商业化推广阶段，2007 年，美国国内收入局（IRS）调整针对环保车辆的税收优惠措施。规定消费者购买通用汽车、福特、丰田、日产等公司生产的符合条件的混合动力车，可以享受到 250～2600 美元的税款抵免优惠。2008 年混合动力汽车销售 32 万辆，占美国汽车总销售量比例达 2.3％左右。 鼓励消费：奥巴马政府斥资 140 亿美元支持动力电池以及关键零部件的研发和生产，支持充电基础设施建设，施行消费者购车补贴和政府采购。这一揽子计划形成了美国新能源汽车产业化和市场化的主要动力。为鼓励消费，购买充电式混合动力汽车的车主，可以享受 7500 美元的税收抵扣。同时政府还将投入 4 亿美元支持充电站等基础设施建设。在美国，各地政府给予电动汽车在城市市区内停车便利，对电动汽车免收停车费、高速公路免收养路费、过桥费等。

续表

国家	主要政策和措施
日本	新国家能源战略：2006 年 5 月日本政府制定了“新国家能源战略”，提出到 2030 年将近 50%的石油依赖度进一步降低至 40%。日本混合动力车将形成产业化，其中丰田、本田、日产等日本厂商的混合动力汽车在国内外市场已占据重要地位。日本非常重视燃料电池等技术的研发。为攻克电池领域的关键性技术，日本已经建立了开发高性能电动汽车蓄电池的最大新能源汽车产业联盟，共同实施 2009 年度“创新型蓄电池间断科学基础研究专项”。日本政府计划 7 年内投入 210 亿日元，通过开发高性能电动汽车混合蓄电池，在 2020 年前，将日本电动车一次充电的续航里程增加 3 倍以上。 绿色税制：为推进新能源汽车以及节能环保汽车，日本从 2009 年 4 月 1 日起实施“绿色税制”，它的适用对象包括纯电动汽车、混合动力车、清洁柴油车、天然气以及获得认定的低排放且燃油消耗量低的车辆，其中前 3 类车被日本政府定义为“下一代汽车”，购买此类车可享受免除多种税收优惠。
英国	财政补贴支持：政府向“低碳汽车项目”注资 3 亿英镑以支持新能源汽车的发展。英国气候变化委员会提出的计划是到 2015 年推广使用 24 万辆各类电动车，并需要对电动汽车进行补贴，在 2014 年前每辆车补贴 5000 英镑。同时，将要花费 15 亿英镑建设充电设施。 鼓励消费：交通部 2010 年 3 月发布私人购买纯电动车、插电式混合动力汽车和燃料电动汽车补贴细则根据这项细则，2011 年 1 月起至 2014 年期间，政府总共安排 2.3 亿英镑的补贴，其中平均每辆车补贴额度大约为车辆推荐售价的 25%，但不超过 5000 英镑。此外，在伦敦，电动车可以免交汽车拥堵费。
法国	实行现金奖罚：早在 1995 年政府就制定了支持电动汽车发展的优惠政策，对购买电动汽车发放补贴；法国政府规定，自 2008 年 1 月 1 日起，政府按所购买新车二氧化碳排放量的情况，对车主给予相应的现金“奖罚”，以鼓励购买低排量环保车型。 制定战略计划：法国政府 2009 年 10 月 1 日公布了旨在发展电动车和充电式混合动力车的计划，最终目标是在 2020 年前生产 200 万辆清洁能源汽车。

（三）车辆管控及其性能改善

1. 美国国家洁净柴油运动

美国环境保护署（EPA）的国家洁净柴油运动（NCDC）为全国范围内减少柴油排放量积极努力，它的主要手段是运用已论证的排放控制技术和随着联邦、州政府与当地合作伙伴的介入产生的新型策略。NCDC 提供的许多减少氮氧化物和悬浮颗粒物的清洁柴油策略（如发动机维修、发动机更换、发动机空置减少和采用清洁的燃料），同样有减少二氧化碳排放的效果。悬浮颗粒成分之一的黑炭，是大气变暖和北极融化的主要原因，所以消除悬浮颗粒对缓解全球变暖有显著效果。

由于柴油机可以运行 20～30 年，数以百万计的老、脏柴油发动机仍在使用。EPA 提供了许多策略及方案，使这些发动机运行更清洁，并拨款帮助建立柴油减排计划，改善空气质量，保护公众健康。EPA 提出了针对柴油车辆、船舶、机车以及设备广泛的减排战略，具体包括：

（1）为柴油机安装通过技术验证的改造设备；

（2）维护、修理、改造发动机；

（3）替换旧的车辆和设备；

(4) 改进操作;

(5) 使用清洁燃料，包括天然气和丙烷等。

能源政策法案（EPAct）中的柴油排放减少修正案（DERA）是国家洁净柴油运动的重要资金来源，它授权了2012—2016财年每年高达1亿美元来帮助车队所有者减少温室气体排放。EPA的DERA授予的基金项目提供了即时的健康和环境效益。在2008—2010财年间，这些基金资助的项目将减少二氧化碳排放量230万吨，同时节约燃油7.76万升。

2. 美国轻型车辆燃油经济性和环保标志

EPA标记车辆已有35年的历史，在此基础上，EPA和DOT（运输部）为新车重新设计了燃油经济性和环保标志。历史上这个标志可以用来对比各辆车之间的燃油经济性和年均燃油花费。新的标志延续了这一传统，并增加了一些其他信息，比如：能源利用、加油相关费用、温室气体和烟雾排放的评级等。新的标志可用于对比各种新车，包括混合动力车与电动车，这些信息使购车大众在买车时可以把燃油费用、环境因素等综合考虑。

此次的最终定案由美国环境保护署（EPA）和国家公路交通安全管理局（NHTSA）共同发布，它要求在美国销售的所有新车都要把燃油经济性和环保标志粘贴为车窗贴纸，这个规定要求汽车制造商在车型年份在2013年及之后的所有车上都必须粘贴该标志，车企如果愿意的话也可为2012年晚些时候生产的汽车贴上标签。这样的环保标志主要适用于乘用车、轻型卡车、SUV之类的中型乘用车以及大篷车。

关于标志的样式与内容，EPA和美国运输部（DOT）作出如下规定：

标志不得小于11.4cm高、17.8cm宽。标志需要有和它大小相当的黑色边缘，上边缘标注有判断标志用途和车辆类型的信息。关于燃油泵的信息要有图标和文字，并标为蓝色。下边缘需要写上这句话："因为诸多实际情况，如行车环境与驾驶习惯等，可能会与标注有所出入"，接下来是关于油耗和花费的一个估算供购车者参考。在这之下是政府标志。

标志核心区域可分上下两部分。上半部分主要标示有关部门已确认的对大众而言最有意义最重要的内容。现有标志已有的标左边，新加的标右边。特别是上半部分的左边用于标注燃油经济性，因为调查显示这是大众最关心的信息，所以把它标注在最显眼的位置。下半部分的左边区域标注年均燃油花费，右边则是一个滑动条，消费者可以根据它来判断该车辆的相对燃油经济性以及环境评级。

（四）制定排放标准和燃油经济性标准

1. 美国企业平均燃油经济标准（CAFE）和轻型车辆温室气体排放的国家计划

为应对国家对全球气候变化和减少石油消耗的迫切需求，奥巴马总统指示美国环境保护署（EPA）和美国运输部（DOT）的国家公路交通安全管理局（NHTSA）紧密合作，建立一个企业平均燃油经济标准（CAFE）和轻型车辆（LDVS）温室气体排放标准。

2010年4月，NHTSA和EPA联合发布了2012—2016年针对车型年份第一阶段燃油经济性标准。到 2016 年，汽车排放（包含空调的氢氟烃）应控制在 155.35 g/km 二氧化碳的水平，如果这样的提升只来自燃油技术的发展，这等效于将燃油经济性提升到 15.08 km/L。这是美国环境保护署第一次在洁净空气法案下行使自己的权力来发布联邦温室气体排放标准，也是自 20 世纪 70 年代产生 CAFE 标准以来的一个巨大进步。

由于第一阶段的成功，2011 年 7 月 29 日，奥巴马总统宣布了针对车型年份 2017—2025 年的第二阶段标准。汽车销量超过 90%的 13 家汽车生产商和全美汽车工人联合会都表示了对这一计划的支持。2012 年 8 月，NHTSA 和 EPA 联合发布了第二阶段的最终规则。根据计划，到 2025 年，汽车排放（包含空调的氢氟烃）应达到 101.29 g/km · CO_2的水平，如果这样的提升只来自燃油技术的发展，这等效于将燃油经济性提升到 23.17km/L。

两个阶段的目标总结见表 6-6：

表 6-6 CAFE 标准两个阶段的目标总结

	现有车型	第一阶段	第二阶段
发布时间	—	2010.4	2012.8
针对车型年份	2008—2010	2012—2016	2017—2025
汽车排放指标（g/km）	—	155.35	101.29
燃油经济性指标（km/L）	14	15.1	23.17

总的来说，这一计划是要让车辆温室气体排放量减半，燃油平均经济性加倍（相比 2011 年的车型）。这一国家计划目标是，到 2020 年，减排 2.36 亿吨二氧化碳当量；到 2025 年，为美国家庭节省 1.7 万亿美元的燃油开销，并将美国对外国的日原油依赖减少 200 万桶。另外，这项计划将使 2012 年到 2025 年之间出售的车辆在其整个使用期限内的温室气体排放减少 60 亿吨，这比美国 2010 年全部的二氧化碳排放量还多。

2. 重型车辆温室气体排放和企业平均燃油经济标准（CAFE）的国家计划

2010 年 5 月，奥巴马总统指示美国环境保护署（EPA）和美国运输部（DOT）的国家公路交通安全管理局（NHTSA）建立一个联合政策来为 2014 年之后生产的中型、重型车辆建立燃料经济性和温室气体排放标准。2011 年 9 月，EPA 和 NHTSA 共同发布了建立针对车型年份在 2014—2018 年的重型车辆的第一阶段标准的最终定案，其目标是到 2020 年为美国带来 3770 万吨二氧化碳当量的减排。该定案旨在使半挂车（组装卡车）的温室气体排放量与燃料消耗减少 23%，公共汽车、特殊用途车辆如垃圾车以及其他专用车减排 9%。这一项目预期将为卡车所有者节省超过 500 亿美元燃料费用，并使美国对原油的依赖减少 5.3 亿桶。另外，这一计划将使在 2014—2018 年生产的车辆在其整个使用期之内的温室气体排放量减少 2.7 亿吨。

重型组装卡车（半挂车）适用于货运，货运客户在选择卡车时主要考虑卡车的两个性能：车辆总重额定值和驾驶室类型（白昼驾驶室和卧铺驾驶室）。运营商也要考虑牵引车顶的高度，以便有效地配置拖车。为此，有关部门根据三个指标即重量、驾驶室类型以及牵引车顶高度，将重型货车分成了九个不同的子类。针对这类货车的最终标准将循序渐进，到 2017 年将达到以下标准（见表 6-7）：

表 6-7 货车油耗标准

	EPA 排放标准（g CO_2/t · km）			NHTSA 油耗标准（L/1000t · km）		
	低顶	中顶	高顶	低顶	中顶	高顶
白昼驾驶室，7 级	64.6	71.4	74.5	24	26.6	27.7
白昼驾驶室，8 级	49.7	53.4	55.3	18.3	19.7	20.5
卧铺驾驶室，8 级	41	45.3	44.7	15.3	16.9	17

专业车辆涵盖了卡车和巴士的很多类型，包括垃圾车、水泥车、运输车、摆渡车、校车、应急车辆，等等。专业车辆建造复杂，通常买到的不是完整的底盘，而是从不同的制造商采购发动机、变速箱，最后再由组装厂组装成型。于是，有关部门就对底盘制造商为这种分段制定标准，主要分为三类：轻重型（2b 级～5 级），中重型（6 级～7 级），特重型（8 级），这与发动机分级相吻合。除了发动机，轮胎造成了专业车辆第二大能源损失，这一阶段的标准也受制于轮胎研制技术的发展。综上所述，相关部门为专业车辆制定的到 2017 年的排放标准如下（见表 6-8）：

表 6-8 专业车辆油耗标准

	EPA 终身排放标准（g CO_2/t · km）	NHTSA 油耗标准（L/1000t · km）
轻重型（2b 级～5 级）	231.8	86.3
中重型（6 级～7 级）	139.8	52
特重型（8 级）	137.9	51.3

2015 年习近平总书记访美期间与美方达成《中美元首气候变化联合声明》中，美国承诺将于 2016 年制定完成其下一阶段、世界级的载重汽车燃油效率标准，并于 2019 年实施。

3. 欧盟乘用车二氧化碳排放法规

作为欧盟降低轻型车辆二氧化碳排放的综合手段的一部分，这一法规为新型乘用车设定了排放性能标准。具体标准为：到 2015 年，乘用车排放指标需达到 130 g/km；到 2020 年时，达到 95g/km。2007 年欧盟汽车平均二氧化碳排放量为 158.7 g/km，相比之下 2015 年目标和 2020 年目标分别下降了 18%和 40%。（见表 6-9）。在耗油量方面，2015 年的目标约为汽油 5.6L / 100km 或柴油 4.9L / 100km，2020 年的目标约为汽油 4.1L / 100km 或柴油 3.6L / 100km，具体指标总结见表 6-10。

表 6-9 乘用车二氧化碳排放指标

	2007 年	2011 年	2012 年	2015 年	2020 年
二氧化碳排放（g/km）	158.7	135.7	132.2	130	95

表 6-10 乘用车油耗指标

类　　别	2015 年	2020 年
油耗（汽油）（L/100km）	5.6	4.1
油耗（柴油）（L/100km）	4.9	3.6

该项法规里的 2015 年排放 130g/km 的目标将在 2012 年到 2015 年之间逐步引入，2012 年需要有 65%的汽车制造商达标，2013 年 75%达标，2014 年 80%达标，到 2015 年时 100%达标。这项法规自 2009 年开始实施，预计其带来的减排效果为：到 2020 年时减排 2490 万吨二氧化碳当量，到 2030 年时减排 4360 万吨二氧化碳当量。2020—2030 年，累积减排预计将达到 4.22 亿吨二氧化碳当量。

自从这一法规发布以来，欧盟市场上的新车体现出以下关键变化：

（1）汽车的柴油化在继续（2012 年在欧洲注册的 54.9%的车是柴油车）；

（2）汽车的平均重量达到 9 年来的最大值；

（3）自 2007 年来发动机的平均容量下降了 5%；

（4）尽管车重增加了，但持续进行的柴油化以及改进的汽车技术还是带来了二氧化碳排放量的减少和燃油经济性的提升。

4. 轻型商用车二氧化碳排放法规

这一法规与乘用车的排放法规类似，作为轻型车辆减排战略的一部分，它为在欧盟市场上销售的货车设置了二氧化碳排放标准，具体标准为：到 2017 年，货车排放指标需达到 175 g/km；到 2020 年时，达到 147g/km。这项法规自 2011 年起开始实施，预计其带来的减排效果为：到 2020 年时减排 190 万吨二氧化碳当量，到 2030 年时减排 530 万吨二氧化碳当量。2007 年汽车平均二氧化碳排放量为 203g/km，相比之下 2017 年目标和 2020 年目标分别下降了 14%和 28%。在耗油量方面，2017 年的目标约为汽油 7.5L / 100km 或柴油 6.61L/100km，2020 年的目标约为汽油 6.3L / 100km 或柴油 5.5L / 100km。具体指标总结见表 6-11。

表 6-11 货车减排指标

类　　别	2007 年	2017 年	2020 年
二氧化碳排放（g/km）	203	175	147
油耗（汽油）（L/100km）	—	7.5	6.3
油耗（柴油）（L/100km）	—	6.61	5.5

该项法规里的 2017 年排放 175g/km 的目标将在 2014 年到 2017 年之间逐步引入，2014 年需要有 70%的汽车制造商达标，2015 年 75%达标，2016 年 80%达标，到 2017 年之前 100%达标。这项法规 2011 年起开始实施，预计其带来的减排效果为：到 2020 年，客运方面二氧化碳年均排放减少 1130 万吨，货运方面二氧化碳年均排放减少 60 万吨；到 2030 年，客运方面二氧化碳年均排放减少 370 万吨，货运方面二氧化碳年均排放减少 160 万吨。在 2020 年到 2030 年之间，二氧化碳排放量累计减少为：客运 2650 万吨，货运 1170 万吨。

5. 欧 5 欧 6 排放标准

2007 年 6 月 20 日，欧盟议会及理事会发布 EC715/2007“就轻型乘用车和轻型商用车的排放（欧 5 和欧 6 排放）以及车辆维修和保养信息的获取方面对机动车辆的形式批准”。这标志着针对轻型车的欧 5 和欧 6 排放指标的欧盟技术法规正式出台。其中欧 5 标准要求审批于 2009 年 9 月 1 日开始，对所有欧洲市场上的在售车辆的登记从 2011 年 1 月 1 日开始。而欧 6 标准要求对车辆的审批从 2014 年 9 月 1 日起实施，对新型汽车的登记和销售从 2015 年 1 月 1 日开始。本规则适用于重量小于 2610 千克的、用于客货运及其他特殊用途的（如救护车）的所有的客车、货车和商用车，它限制了一氧化碳（CO）、非甲烷碳氢化合物和碳氢化合物、氮氧化物（NOx）和颗粒物（PM）的排放。它涵盖了汽车尾气排放量、蒸发污染物排放和曲轴箱排放。此标准对柴油车辆和汽油、天然气和液化石油气车辆分别做了不同的排放限制。除此之外，它还对污染控制设备的持久性提出要求。

欧 6 标准的引进将要求所有配备柴油发动机车辆均大幅度削减氮氧化物的排放，例如，NOx 从柴油乘用车的排放量将被限制在 80 mg/km（在欧 5 标准的基础上再减排 50%）。柴油乘用车的碳氢化合物和氮氧化物综合排放量将限制在 170 毫克/公里（欧 5 标准下为 230 mg/km）。

然而，实施欧 5 和欧 6 标准对二氧化碳排放的影响会很小，一些空气污染物减排技术（如精益氮氧化物陷阱催化剂）可能在燃料效率和二氧化碳排放方面产生负面影响。其他技术和整体改进设计可以提高燃料能源效率。一般认为欧 6 标准不会对燃油效率的变化产生影响。欧 5 标准的全面实施预计到 2020 年将对二氧化碳的排放产生一个小小的影响（到 2020 年减排 200 万吨当量），而欧 6 标准的实施与欧 5 标准相比不会对二氧化碳排放产生更多的影响。

（五）发展公共交通

日本于 1992 年由国土交通省开始实施推广公共交通的政策。这一政策主要依靠税收、财政补贴以及国民意识的提升来执行。政府将重建社区之间的公共交通网络，并通过建设快速公交系统和轻轨系统、发展新的铁路线、为公交车安装交通连接信息系统和定位系统来提升它们的便利性。2005 年起，日本国土交通省开始实施推动铁路、轮船和航空运输低碳化。这一政策主要依靠法律法规、税收、财政预算和补贴、融资以及技术研发来执行。生态轨道线项目将得到推广，这会促进高能源效率的汽车和可再生能源铁路设施的引进。“超级生态船”的建造和船舶建造设备效率的提高将得到普及。此外，政府还将推广有效的飞机操作方法和包括地面发电装置在内的机场设备的低碳化，这些设备的使用量已逐步增加。

美国通过立法的方式，把优先发展公共交通的战略确立下来，从根本上保障公共交通优先是实现城市交通节能，解决城市交通拥堵和环境污染的重要手段。20 世纪初以来，美国先后出台了若干国家法规，以规范和鼓励公共交通发展。1991 年，联邦政府出台《综合地面交通效率法》，提出限制小汽车使用和鼓励公共交通发展战略，重视各种交通方式（包括公共交通、小汽车、自行车和步行）的协调配合，并进一步要求制定各州和大都市区的长期综合交通规划，全面考虑土地使用、经济发展、大气质量和自然资源等各方面的影响。1998年，联邦政府颁布《21世纪交通平衡法》，增加了有利于城市公共交通发展的内容，鼓励轨道交通、公共汽车、城市地区低速磁悬浮技术的研发工作。

为维护、改善和扩大公共交通服务，兴建公共交通优先道路，维持和提高公共交通的出行比例，20世纪60～70年代，美国政府先后颁布了《城市公共交通法》《城市公共交通扶持法》等，以保证提高各地区交通规划项目，加大对公共交通的投资力度。1982年，纽约提出了一个五年计划，对纽约市的公共交通系统投资85亿美元。1987年，纽约大城市交通局又提出另一个五年计划，共投资85亿美元，其中65亿美元投资给纽约市交通局，因为它担负着每天大约75%的乘客运输任务。

自20世纪70年代以来，纽约交通部门在曼哈顿中部地区的几条街道上开展了采用公共交通优先措施的研究，合理规划、建设公交场站、保障公共交通优先通行权。如在街道上设置优先公共汽车道，在高峰期只允许公共汽车和右转弯汽车通行，其结果是公共汽车运行速度明显提高。通过设置公交专用车道，公交车在高峰时间利用专用车道可节省运行时间的35%。其他做法包括恢复轨道交通，促进有轨电车和轻轨交通的发展。

欧盟建立了城市公共交通补贴机制，促进交通部门节能减排，对公共交通配套设施建设给予财政补贴。20世纪80年代以来，欧洲很多城市都确定了优先发展公共交通的政策。城市公共交通作为社会公益性事业，实行低票价政策，运用公共财政补偿公交运营成本，使企业也可以获得合理的投资回报。调查数据显示，1987—1991年，欧洲各国很多城市政府对购置公交车辆和修建公交专用道都给予了巨额的财政补贴。其中，北欧和南欧国家公交企业享受10%～30%的财政补贴。

（六）优化交通系统管理

美国成立了智能交通运输合作伙伴倡议，该倡议是一种新型的企业和其他利益相关者的合作，通过货物运输来减缓气候变化，减少温室气体排放，增加能源效率的同时显著减少温室气体排放和空气污染。EPA为其提供工具和模型来帮助智能交通运输合作伙伴（包括货主，公路、铁路和海洋运输公司）实施划算的策略来节省燃料，减少温室气体排放。目前已有超过3000个公司和组织加入智能交通运输合作伙伴计划，货主可以选择最符合要求的运输方式，货运公司则可以提升运输效率。智能交通运输伙伴计划也和全世界的其他政府和组织积极合作，为清洁、高效的货物运输建立国际化的准则。2012年，EPA和加拿大自然资源部宣布智能交通扩展到加拿大。EPA预计到2020年，该计划可以为航运业减少4300万吨二氧化碳当量的排放。

智能交通的其他方案包括燃料节省技术的评估和高效的重型卡车和拖车的智能交通认证。与一般的长途货车相比，智能交通认证的卡车和拖车可节省的燃料和减少的排放量可达10%～20%。智能交通还减少了卡车和机车的闲置，为国家制定减少闲置的政策提供了指导。智能交通的供应链方案则是开发新的工具来帮助公司量化成果，并追踪各种货运方式（公路、海运、铁路和航空运输）的环保表现。

同时，美国是提倡车辆合乘最早的国家。为了应对 1973 年的石油危机，美国提出了车辆共乘的鼓励方案，包括轿车共乘和客车共乘。为高利用率车辆设置优先车道（HOV），车上少于两人的小汽车只能在非优先车道等候。为了确保 HOV 车道到达预期目的，并不被其他车辆非法使用，美国使用 HOV 车道自动监控系统对车道进行监控，并高效合理地确定 HOV 车辆的最少乘客人数。

日本推广了交通流量管理的做法，这一政策于 2012 年由国土交通省开始实施。通过财政预算和补贴以及国民意识的提高，它得以被执行。交通部门通过以下方法来减少来自燃油消耗的二氧化碳排放：使用环路来改善主要交通网络；推广智能交通系统（ITS）；推广自行车道。政府在主要交通网络上使用环路，并向司机提供有效信息（如交通拥堵情况）来让他们选择到达目的地的最佳路径，而这些信息由智能交通系统提供，这些措施将有效减少二氧化碳的排放。同时，政府也会为自行车使用者重新设计交通环境。

同时，日本还推动建立更加高效的物流系统，2001 年起，由国土交通省、环境省、经济产业省共同开始实施。这一政策主要依靠税收、财政预算和补贴、融资以及国民意识的提高来执行。政府通过在各区域内鼓励天然气卡车等大卡车的使用、由物流业推广合作性的运输和交付等措施来提高卡车运输效率。此外，大型集装箱（超过 31 英尺，约合 9.45 米）的引进将推动大型卡车的淘汰，这一举措与“生态铁路标志”的推广共同促进货运铁路化的模式转变。同时，引进可分离拖车的卡车和“生态轮船标志”的推广共同促进货运模式朝沿海运输转变。为了进一步减少环境负荷，政府强化商品所有者和物流经营者之间的伙伴关系。

欧盟为非机动车交通发展提供了有力的激励，计划建设自行车高速公路。欧洲一些发达国家的政府在改善公共交通的同时，还大力倡导骑自行车。一个新的普及自行车交通的热潮正在兴起。2002 年以来，欧洲有 11 个国家拨款兴建自行车专用车道。瑞士是世界上最富有的国家，汽车普及率很高，但到 2015 年已有 9 条自行车公路，全长 3300km。

哥本哈根长期保持使用自行车的传统，成为“自行车城市”。一直以来，沿道路修建的自行车道是哥本哈根市自行车交通的主要设施。截至 2001 年底，哥本哈根市共有总长 307km 的自行车道和 9km 的自行车线。根据《自行车道优先计划 2001—2016》，哥本哈根市将在 15 年内总计投资 1.23 亿丹麦克朗用于建设 51km 长的自行车道和自行车线。

（七）政策比较

表 6-12 简要概括了国际上道路交通部门的现行主要减排政策措施。从表现形式上看，这些低碳政策可以归纳为三类：一是命令控制型，主要包括一些法律法规、标准、规划等，如乘用车燃料消耗量限值标准；二是经济激励手段，如燃油税、碳税，清洁燃料车购置优惠税费等；三是劝说教育手段，如倡导绿色出行和绿色驾驶习惯。从涉及范围来看，政策基本覆盖了整个交通系统及其主要组成要素：机动车、燃料、道路、人（出行需求）和交通综合管理系统。

表 6-12 道路交通主要低碳政策措施

类别	政策名称	政策层次	使用国家
命令控制型	高速干道速度控制	城市	主要发达国家
	燃油经济性标准和温室气体排放标准	国家	日本、欧盟、美国、加拿大、澳大利亚、韩国等
	车辆 I/M 制度	国家	一般国家均有
	牌照拍卖制度	城市（或国家）	新加坡
	机动车限行号牌制度	城市	圣菲波哥大（哥伦比亚）、拉各斯（尼日利亚）、圣保罗（巴西）、雅典（希腊）、首尔（韩国）
财税手段	购置环节税费（增值税、消费税、注册费等）	国家	多数国家均有
	清洁节能车购置税费优惠	国家或城市	日本、美国、德国、丹麦等
	基于车辆状况的年度税费	国家或地区	欧盟、新加坡等
	清洁节油公务车奖励制度	国家或城市	英国
	环保车辆租赁奖励制度	国家	无，在研究中
	停车费	城市	均有
劝说教育手段	机动车能效标识	国家或地区	英国、德国、日本等
	倡导绿色出行和绿色驾驶	国家或城市	日本、美国、德国等

注：I/M 制度是世界上发达工业国家和地区对在用车进行强制性定期检测，并对出现故障的车辆进行强制修理的制度。

从燃油经济性标准来看，欧盟和日本的乘用车燃油效率最高，单辆机动车二氧化碳排放水平最低，这主要归因于欧盟和日本对汽车的燃油经济性要求较高，其中欧盟对汽车生产厂家设定了明确降低二氧化碳排放的要求。就美国而言，在早期其乘用车燃油经济性较低，且乘用车的企业平均燃料经济性（CAFE）标准限值自 1985 年以来始终维持在 224.7gCO_2/km。但是，2010 年美国公布新的汽车油耗标准，新的燃油经济性标准将从 2012 年起逐步实施，而且汽车生产商所有车型平均油耗量到 2016 年需实现 15.1 km/L（CAFE），平均二氧化碳排放量降至 155g/km。

欧盟和日本对新能源汽车的支持力度较大，远超美国。发展新能源汽车、培育新能源汽车产业正成为许多国家和地区在道路交通领域应对气候变化的一项战略选择。特别是美国、日本、欧洲等发达地区，对新能源技术高度重视，从汽车技术变革和产业升级的战略出发，颁布制定了一系列优惠政策，积极促进本国新能源汽车工业发展。由于新能源汽车具有高成本、高准入门槛以及需要建设专用充电设施的特点，各国政府目前主要制定中长期发展战略、采取增加公共投入用于研发、增加财政补贴、加快在公共交通领域的示范作用、通过税收抵扣鼓励消费、减免新能源汽车购置税费等一系列措施。

三、中国主要的低碳交通政策

根据政策表现形式不同，中国现有的低碳交通政策措施可以划分为三种类型：一是命令控制型，主要包括一些法律法规、标准、规划等，如乘用车燃料消耗量限值标准等；二是经济激励手段，如燃油税等；三是劝说教育手段，如2007年开始在中国实践的“绿色出行周”和“无车日活动”等。

（一）燃油经济性标准

中国自2005年起开始实施《国家乘用车燃料消耗量限值》（GB 19578—2004），对新生产的乘用车汽车提出了燃油经济性要求。该标准分两个阶段执行：第一阶段从2005年7月1日开始对新车型生效，一年后对旧车型生效。第二阶段从2008年1月1日对新车型开始生效，一年后对旧车型开始生效。

2007年12月3日，中国又发布了《轻型商用车辆燃料消耗量限值标准》（GB 20997—2007），并于2008年2月1日开始执行该标准。作用对象是总质量在3500kg以下，通常为9～12座的轻型常用车，主要包括轻卡、轻客等。该标准规定，自2008年2月1日起，新认证的基本型车及其变型车应符合第二阶段限值要求；自2009年1月1日起的生产车及其变型车应符合第一阶段限值要求；自2011年1月1日起，适用于该标准的所有车辆应符合第二阶段的限值要求。第二阶段目标实现后，中国轻型商用车的平均燃油标准消耗量有望减少10%～15%。标准实施几年以来，累计节约汽油达91.03万吨，柴油68.06万吨，相当于减少了514.94万吨的二氧化碳排放。

（二）燃料品质控制

除了在《节能法》和《可再生能源法》等法律中明确发展车用替代燃料的战略地位之外，进入21世纪以来，中国政府相继颁布的一些发展规划中也多次强调了车用替代燃料对发展低碳交通的重要意义，如《国家能源中长期发展规划纲要（2004—2020）》。为了加快燃料乙醇的推广应用，中国在2001年颁布了两项重要标准，即《变性燃料乙醇》（GB 18350—2001）和《车用乙醇汽油》（GB 18351—2001）。

制定财政补贴以及各种税收优惠政策等经济激励政策也是推进车用替代燃料发展的重要选择。财政部在2004年6月下发了《关于燃料乙醇亏损补贴政策的通知》，即国家对燃料乙醇的生产及使用实行优惠补贴的财税及价格政策。对四家指定的燃料乙醇生产企业免征5%的消费税，对生产燃料乙醇的增值税实行先征后返，对其生产所需的陈化粮实行补贴，对陈化粮的供应价格实行优惠等。此外，一些地方政府对车用替代燃料生产企业以及加气站的企业所得税适用优惠税率等。

（三）推广新能源汽车

2005年以来，中国在多项相关规划中明确指出推动新能源汽车产业的发展，并出台了一系列优惠政策以加快新能源汽车的产业化进程。2009年1月23日，财政部、科技部联合发布了《关于开展节能与新能源汽车示范推广试点工作的通知》，正式启动“十城千辆”工程，即“十城千辆节能与新能源汽车示范推广应用工程”，明确指出要在北京、上海、重庆等13个城市开展节能与新能源汽车示范推广试点工作，以财政政策鼓励在公交、出租、公务、环卫和邮政等公共服务领域率先推广使用节能与新能源汽车，对推广使用单位购买节能与新能源汽车给予财政补助，力争使全国新能源汽车的运营规模到2012年占到汽车市场份额的10%。2013年1月，试点城市数量增加为25个。

2010年5月31日，中国正式启动了私人购买新能源汽车补贴试点工作，即四部委（财政部、科技部、工信部、国家发改委）联合发布了《关于开展私人购买新能源汽车补贴试点的通知》，对满足支持条件的新能源汽车进行直接经济补贴，确定了在上海、长春、深圳、杭州、合肥5个城市启动私人购买新能源汽车补贴试点工作（之后又增加了北京）。根据通知要求，中央财政将对试点城市私人购买、登记注册和使用的插电式混合动力乘用车和纯电动乘用车给予一次性补贴。补贴标准根据动力电池组能量确定，对满足支持条件的新能源汽车，按3000元/kW·h予以补贴。其中插电式混合动力乘用车电池组能量要求不低10kW·h，纯电动乘用车电池组能量要求不低15 kW·h，两类车的补贴上限分别为5万元和6万元。

同时公布的还有《私人购买新能源汽车试点财政资助资金管理暂行办法》规定，私人购买和使用新能源汽车包括私人直接购买、整车租赁和电池租赁三种形式。对直接购买，中央财政对汽车生产企业给予补助，汽车生产企业按扣除补助后的价格将新能源汽车销售给私人用户；对整车租赁，中央财政也对汽车生产企业给予补助，生产企业按扣除补助后的价格将新能源汽车销售给租赁企业；而对于电池租赁，中央财政则对电池租赁企业给予补助，电池租赁企业按扣除补助后的价格向私人用户出租新能源汽车电池，并提供电池维护、保养、更换等服务。

2011年10月，商务部、财政部、国家发改委、科技部、工信部、环保部、海关总署、税务总局、质检总局和知识产权局十部委联合发布《关于促进战略性新兴产业国际化发展的指导意见》，针对新能源汽车产业着重予以强调，表示要推动传统汽车制造企业向新能源汽车领域发展，培育本土龙头企业和新能源汽车跨国公司；鼓励境外申请专利；鼓励参与国家标准制定，逐步与国际标准接轨；建立产业联盟和行业中介组织，规范市场秩序；鼓励新能源汽车零部件企业“走出去”，在国外投资建厂。

2015年习近平总书记访美期间与美方达成《中美元首气候变化联合声明》，其中提到中国承诺将推动低碳建筑和低碳交通，到2020年城镇新建建筑中绿色建筑占比达到50%，大中城市公共交通占机动化出行比例达到30%。

（四）燃油税及机动车税费优惠政策

燃油税也被认为是能够有效引导消费者合理消费车用燃料、降低道路交通能源消费以及减少碳排放的一种重要政策。2009年1月1日开始实施的燃油税就是取消了原来的在成品油价外征收的公路养路费、航道养护费、公路运输管理费、公路客货运附加费、水路运输管理费、水运客货运附加费等六项收费，同时将价内征收的汽油消费税单位税额每升提高 0.8 元，即由每升 0.2 元提高到 1 元，柴油消费税单位税额每升提高 0.7 元，即由每升 0.1 元提高到 0.8 元。

消费税、车辆购置税和车船税也是决策者推进交通节能减排的重要手段。从 2006 年开始，中国先后提高了大排量汽车等产品的消费税率，同时对小排量汽车实施优惠税率。2009 年 1 月 20 日，财政部、国家税务总局联合发布《关于落实车辆购置税减征政策的通知》，提出对 2009 年 1 月 20 日至 12 月 31 日购置 16L 以下排量乘用车，暂减按 5%的税率征收车辆购置税。2011 年 2 月，中国通过了《车船税法》，自 2012 年 1 月 1 日起施行。车船税基于排量大小递增税率，非常类似欧洲国家的机动车碳税。本文将车船税简单折算为碳税水平，则当我国机动车二氧化碳排放水平为 160g/km 时，所征收的车船税相当于 11 元人民币/t CO_2的碳税水平。

（五）机动车限购政策和限制使用政策

为缓解城市交通拥堵、改善城市区域空气质量，限制机动车拥有和使用也是国内很多城市管理部门采取的低碳政策，这类政策的主要表现形式为机动车牌照竞拍、摇号制度以及机动车限行制度。

（六）国际经验对我国的启示

首先，汽车尾气排放标准法规要做到切实可行、注重可操作性，日本的汽车尾气排放法规标准从开始制定就立足于可操作、可实行，将法规标准与大气环境质量结合起来，同时还应理顺环境治理与产业发展之间的内在关系，并根据大气监测数据结果与实际情况适时修改法规标准。

其次，法律与标准建设是减排的先决条件，亦是战略性、长期性工作。中国需尽快完善法律与标准体系建设，为交通部门的温室气体减排奠定基础，避免交通体系发展陷入“高碳锁定”。

最后，综合运用经济、技术、标准与法律等措施，建立完善的交通部门温室气体排放控制政策。中国城市交通能源消耗和二氧化碳排放总量增加迅速，但城市低碳交通发展面临着公共交通发展滞后、居民出行非机动化程度不高、缺乏有效的需求管理、行业节能减排意识相对淡薄、城市交通管理体制与城市低碳交通建设不相适应、相关技术支撑还很薄弱等一系列问题。因此，实现多种政策的协调，加大市场机制的运用，调动各利益相关方参与交通部门减排是未来中国交通部门减排政策的优化方向。

第七章 国际碳市场机制和政策

一、国际航空碳减排市场机制及其影响分析

气候变化是全球各国面临的严峻挑战，政府间气候变化委员会（IPCC）第五次评估报告进一步确认了人类活动导致的温室气体排放对于气候变化的显著影响。据统计，2014 年国际航空温室气体排放占全球总排放约 1.4%，虽然目前占比重不高，但其增长速度之快不容忽视，国际民航组织（ICAO）的 2016 年环境报告指出，到 2050 年国际航空二氧化碳排放可能会从约 7 亿吨增至 26 亿吨左右。① 由于绝大多数国家在《联合国气候变化框架公约》下制定应对气候变化目标时并未考虑国际航空部门，为了有效遏制该部分温室气体排放，2016 年 10 月国际民航组织第 39 次全体会议就建立全球市场机制（Global Market Based Mechanism）以减少国际航空二氧化碳排放达成一致，建立了全球第一个行业减排市场机制，以实现 2020 年后国际航空排放零增长的目标。

（一）国际航空碳减排市场机制谈判背景及进程

1. 国际民航组织及其相关机构

1944 年，52 个国家在芝加哥签署了《国际民航公约》（亦称《芝加哥公约》），成立了国际民航组织。该组织是联合国经社理事会下专门负责国际民航事务管理和发展的机构，由大会、理事会和秘书处三大机构组成，目前该组织有 193 个成员国，秘书处设立在加拿大蒙特利尔。

国际民航组织大会由所有成员国代表组成，是该组织的最高权力机构。大会每三年举行一次，审议国际民航组织在技术、管理、经济、法律和技术合作领域的各项工作。大会会议需由过半数的成员国构成法定人数，除《芝加哥公约》另有规定外，获得所有投票数半数以上的决议视为通过。理事会是国际民航组织最重要的管理机构之一，由大会选举的 36 个成员国组成，理事国任期为三年。② 理事会下设航行委员会（技术事务）、航空运输委员会（经济事务）、联营导航委员会及财务委员会等。秘书处是国际民航组织的常设行政机构，由秘书长领导。

---

① ICAO. 2016 Environmental Report [EB/OL]. http://www.icao.int/environmental-protection/Pages/ENV2016.aspx.

② 理事国分为三类：第一类是在航空运输领域居特别重要地位的成员国，第二类是对提供航行设施有突出贡献的成员国，第三类是全球各主要区域的代表成员国。在 2016 年国际民航组织大会期间选举了新一届理事国。

2. **国际民航组织和应对气候变化**

确定国际航空减排温室气体目标。2007 年国际民航组织第 36 届大会正式启动了应对气候变化政治谈判进程，大会通过了同时承认“共同但有区别”原则和“非歧视”原则以及包括一揽子行动安排。2010 年，国际民航组织第 37 次大会通过了关于减少国际航空二氧化碳排放目标的决定，制定了国际航空减排目标，即每年燃油效率提高 2%和到 2020 年实现二氧化碳排放零增长。但由于减排目标颇具挑战性，当时即有 60 多个国家对这部分决议表示持保留意见。大多数观点都认为减排目标无法仅靠行业内部的行动来实现，相关清洁能源发展也尚未成熟，所以国际民航组织决定需要建立全球市场机制来帮助完成这一目标。

建立国际航空碳抵消和削减市场机制。2013 年，国际民航组织第 38 次大会在经过各方激烈交锋后，启动了投票机制，通过了 A38-18 号决议，决定建立国际航空全球市场机制作为实现 2020 年碳排放零增长的重要手段。2016 年 10 月，在蒙特利尔召开的国际民航组织第 39 次全体大会通过了《国际民航组织关于环境保护的持续政策和做法的综合声明——气候变化》和《国际民航组织关于环境保护的持续政策和做法的综合声明——全球市场措施机制》两份重要决议，建立了第一个全球性行业市场减排机制。

3. **各方关于国际民航减排及全球市场机制的立场**

虽然 2016 年建立全球市场机制以高票通过，但是事实上关于国际航空减排问题，新兴发展中国家与发达国家的立场分歧十分显著，主要体现在减排目标、责任划分、对发展中国家援助等议题上。

针对 2020 年实现国际航空碳排放零增长目标，中国代表团在向国际民航组织递交的声明中指出 2020 年碳中性增长目标缺乏科学性、公平性和可行性。发达国家国际航空排放基本已经达峰，而发展中国家的航空业处在高速发展时期，在发达国家没有承诺率先实现大规模减排的情况下，若要实现 2020 年碳中性增长，无疑会给发展中国家的航空业的发展带来巨大减排压力。印度指出“2020 年之前碳中性增长不切实际并将损害航空业，特别是对于航空业尚不成熟并且正在迅速成长的发展中国家”。

关于建立全球市场机制，中方建议国际民航组织及有关各方借鉴《巴黎协定》成功经验，将“国家自主决定的贡献”模式融入国际航空减排机制设计，并且应遵循公平原则、共同但有区别的责任原则等国际气候合作的基本原则，这一倡议得到广泛支持。而美国反对引用“共同但有区别”原则等国际气候合作领域的指导原则，认为国际民航组织应以航空业的“非歧视”原则为先。

在各方的努力下，最终达成的结果体现了包容性，基本体现了分阶段、根据行业平均增速分担抵消责任、为发展中国家参与市场机制提供援助等各方主要关切，并决定每三年就机制的实施和影响进行审评。尽管如此，印度、巴西和俄罗斯已经明确表示将不会参与此市场机制。各方在抵消量标准和抵消机制相关的细节问题上也仍存在分歧，有待进一步磋商。

（二）国际航空碳减排全球市场机制

1. **国际航空碳抵消和削减市场机制概述**

国际民航组织第 39 次大会通过的“国际航空碳抵消和削减机制”旨在利用市场手

段实现到 2020 年后国际民航二氧化碳排放零增长的目标，即从 2021 年起，若航空公司某年的二氧化碳排放量超过上述目标下的既定额度，则需通过购买相应的减排量抵消超出的部分。

该机制分为三个阶段实施：试验阶段（2021—2023 年）、第一阶段（2024—2026 年）以及第二阶段（2027—2035 年）。试验阶段和第一阶段各国自愿参加，发达国家率先参加；第二阶段，根据国际民航组织制定的标准，所有满足以下条件的国家强制参加：即 2018 年国际航空活动全球占比超过 0.5%，或在国际航空活动量排序表（由高至低）中累计份额达到总量 90%的国家及排在其之前的所有国家，但不包括最不发达国家、小岛屿发展中国家和内陆发展中国家等。

为尽量避免市场扭曲，大会决定国际航空碳抵消和削减机制应适用于两国都是该机制的参与国之间的所有国际航班。若仅单方是参与国，或双方均不是参与国，则双方均不需要进行抵消，但需要报告相关数据。

该抵消机制的履约周期为三年，2021—2023 年为第一个周期。理事会将从 2022 年起每三年对国际航空碳抵消和排放机制的运行情况进行一次审评。

2. 抵消责任分配机制

航空公司需记录其在碳抵消和削减机制覆盖的国际航线上所有飞机的年度燃油消耗量并计算其二氧化碳排放量，并向所在国相关机构报告数据。国际民航组织根据成员国报送的数据为每家航空公司计算其每年需要抵消的碳排放量。国际民航组织制定了分阶段的责任分配方案，从最初的按全行业增排比例分配逐渐过渡到按航空公司个体增排比例分配，具体的责任分担算法公式如下：

$$\text{抵消量} = \text{增长系数} \times \text{排放量} \tag{7-1}$$

公式（7-1）中的“增长系数”由“行业增速”和航空公司“个体增速”两部分决定，计算方法如公式（7-2）～公式（7-4）所示：

$$\text{增长系数} = \text{行业权重} \times \text{行业增速} + \text{个体权重} \times \text{个体增速} \tag{7-2}$$

公式（7-2）中的“行业权重”及“个体权重”之和为 1，在各实施阶段将被赋予不同的数值（表 7-1）。2021—2029 年，行业权重占 100%，即完全按照行业增速划分抵消责任；2030 年起，行业部分的比例将逐渐下降至 30%以下，相应地，个体部分的比重随之上升。

表 7-1 行业部分与个体部分比例关系①

时间阶段	行业权重	个体权重
2021—2029	100%	0
2030—2032	<80%	>20%
2033—2035	<30%	>70%

① ICAO. 国际民航组织大会第 39 届会议报告［EB/OL］. http://www.icao.int/Meetings/a39/Pages/resolutions.aspx.

$$行业增速=\frac{行业当年排放量-行业基准排放量}{行业当年排放量} \tag{7-3}$$

$$个体增速=\frac{个体当年排放量-个体基准排放量}{个体当年排放量} \tag{7-4}$$

根据大会决议，公式（7-3）、公式（7-4）中的行业基准排放量和个体基准排放量分别为 2019 年和 2020 年全球和某航空公司国际航空二氧化碳排放量的平均值。

3. 需要进一步明确的规则

为确保“国际航空碳抵消和削减机制”2020 年开始实施，国际航空组织第 39 次大会就进一步完善相关规则也作出了详细安排（表 7-2），后续工作主要集中在三个方面：测量、报告及核查规则，可用于抵消的排放单位的相关标准和登记簿设立。

表 7-2　国际航空减排机制后续主要规则制定工作及安排

机制规则	待磋商的内容	制定机构	时间表
测量、报告和核查规则	标准和建议措施及相关指南	航空环境保护委员会协助理事会	2019 年 1 月 1 日
可用于抵消的排放单位的相关标准	制定标准和建议措施	航空环境保护委员会协助理事会	不晚于 2018 年
	排放单位标准指南	航空环境保护委员会协助理事会	
	建立常设性技术咨询机构	航空环境保护委员会协助理事会	
登记簿	政策和相关指南	航空环境保护委员会	不晚于 2021 年 1 月 1 日
	设立统一登记簿	理事会	
	设立国家登记簿	各成员国	

（三）国际航空碳减排市场机制对中国的影响及建议

1. 国际航空碳减排市场机制的影响

国际航空减排全球市场机制是全球气候治理进程中重要的里程碑。在政治层面，该机制是继《巴黎协定》后对气候变化多边进程的再次有力推动，进一步明确了全球低碳转型的趋势，有助于凝聚各国合作意愿；在实践和技术层面，该机制建立了第一个全球性的行业碳交易市场，对于探索成本最优的全球减排路径来说是一次重要的尝试。新机制必将对民航业和全球应对气候变化进程产生深远的影响。

国际民航部门未来碳排放增长快，碳抵消成本高昂。根据国际民航组织的预测，未来国际航空燃料消费及相应的温室气体排放仍将保持快速的增长趋势。相比于 2020 年水平，2025 年国际航空二氧化碳排放量将增长 1.42 亿～1.74 亿吨，2030 年增长 2.88 亿～3.76 亿吨，2035 年增长 4.43 亿～5.96 亿吨。结合国际能源署（IEA）对国际碳价的预测结果，为实现 2020 年后国际航空二氧化碳排放零增长的目标，2025 年全球航空业预计将支出 15 亿～62 亿美元用于抵消排放增长，2030 年和 2035 年这一数字将分别达到 29 亿～124 亿美元和 53 亿～239 亿美元。虽然由于参与全球市场机制的国家数量有限，真正的抵消量和抵消成本将低于上述估算结果，但可以预见的是，航空业为了实现2020年后碳排放零增长目标仍需付出高昂的费用。

发展中国家航空业承担抵消责任的压力较大，特别是2030年后抵消责任激增。考虑到发达国家和发展中国家国际民航发展水平的差距，各方最终就分阶段的抵消责任分配方案达成了一致，即前期根据行业平均增速分担抵消责任，2030年后适当增加根据个体增速分担责任的比例。这一安排总体上体现了发达国家与发展中国家共同但有区别的责任，但是也不难发现，由于2021—2026年属于试验阶段和第一阶段，不强制各方参与抵消机制。这期间发展中国家的有限参与将造成纳入抵消机制的国际航班数量较少、行业增速较低，发达国家即使自愿率先参与抵消机制，实际上需要承担的抵消责任也较少。2027年后，未获豁免的国家需强制参与抵消机制，仅第一个履约期按行业增速分担抵消责任，随后的履约期个体增速的比重迅速提升，由于发展中国家民航业务快速增长的趋势仍将继续保持相当长一段时期，2030年后发展中国家承担的抵消责任激增，考虑到抵消成本，其减少温室气体排放的压力也将显著增加。

航空企业需提高参与碳交易和管理碳资产的能力，以应对全球市场机制和国家/区域碳市场的挑战。欧盟碳市场于2012年开始纳入航空业；2013年，上海就已率先将航空业纳入碳市场试点范围；广东也于2015年启动了民航领域的历史碳排放信息报告工作；2020年国际民航碳排放抵消机制启动后，航空减排市场规模将进一步显著扩大，对行业发展和全球减排都将起到更大的作用。很多国内航空企业已通过参与欧盟碳交易或国内试点碳交易积累了丰富的经验，但国际民航碳抵消机制的运行模式与国家/区域碳市场之间有一定不同，全球市场机制下航空企业将不会获得排放配额，而是需要通过市场机制对2020年后的排放增量进行全额抵消。航空企业需跟踪规则制定进程、熟悉规则，加强碳资产管理，以应对不断扩大的碳交易规模和规则差异带来的挑战。

全球气候治理面临新形势和不确定性，行业减排市场机制建立突显规则制定权的重要性。巴黎会议之后，全球气候治理进入了新的阶段，“自下而上”的国际合作模式最终确立，推动建设公平、合理、有效的国际气候合作机制需要更明确的目标和更严格的规则。与此同时，新一届美国政府在气候问题上的退缩以及欧盟内部的不稳定因素也给全球气候治理的政治领导力带来不确定性。在这样的背景下，行业减排市场机制不仅是弥补各方贡献“自主决定”所带来的减排力度差距的重要手段，也是在技术层面扎实推动全球减排的有力抓手，各方争夺话语权和影响力的施力点不再是发表政治宣言，而将进一步聚焦于全球气候治理体系规则的制定。

2. 对策建议

中国是目前全球最大的温室气体排放国，并已于2017年启动全国碳市场，在全球气候治理进程中，特别是碳市场机制国际合作领域将起到重要的作用；同时，中国民航业也处在快速增长的阶段，推动产业绿色低碳发展既是国内企业的自身要求，也是应对国际航空碳减排市场机制挑战的必然选择。在过去几年里，中国有力推动了包容、公平、合理、可行的国际航空碳减排市场机制建设。下阶段，中国应以更积极主动的姿态应对新机制带来的影响和挑战，为完善规则、推动航空业绿色低碳发展以及开展碳交易国际合作继续贡献力量。

第一，为应对碳抵消机制对航空业发展可能产生的影响，国内企业应做好全面的风险评估和充分的技术准备。尽管中国航空企业在节能减排和绿色发展领域已经取得了显著的成果，但要实现 2020 年后国际航空碳排放零增长的目标仍面临艰巨挑战，考虑到未来国际碳价的波动，参与国际民航全球市场机制可能给航空企业的运行成本、金融管理乃至长期发展带来一定的风险和不确定性。航空企业应尽早识别风险，熟悉市场机制规则，加强节能减排技术的研究储备，不断提升管理运行水平，逐步提高清洁燃料的使用比例。

第二，中国应积极开展碳市场国际合作，促进各方政策沟通，提高中国碳市场的国际认可度，为参与国际航空市场机制奠定基础。国际航空组织理事会将在航空环境保护委员会的技术协助下，制定国际航空全球市场机制抵消量标准的指南。除已经明确在《巴黎协定》相关机制所产生的排放单位可用于国际民航碳抵消机制，其他可用于抵消的排放单位的标准仍需进一步讨论。现有国家和区域碳交易机制下的排放单位，都有可能成为国际民航组织认可的抵消量。中国应依托气候变化南南合作基金等平台，循序渐进推动碳交易国际合作，提高中国碳市场的影响力，促进政策交流，使中国碳交易产品获得更广泛的认可，以便更好地利用国际航空碳抵消机制等国际市场机制推动国内碳市场机制的发展乃至低碳转型。

第三，中国应依托国内碳市场发展经验，积极参与规则制定进程，提升全球气候治理话语权。国际民航组织将进一步完善全球市场机制，明确透明度机制、抵消单位标准、登记簿等议题相关细则；与此同时，《巴黎协定》第六条下关于“自愿减排合作”和“可持续发展机制”谈判也应在 2018 年前完成。这些规则既对航空企业履约有实质性的影响，也将为未来更广泛的国际碳交易合作奠定基础，是各方争夺国际话语权和规则制定权的焦点。随着能力不断提升，中国参与全球治理的程度不断加深，在发挥积极政治影响力基础上，更应注重加强技术和实践层面的能力。中国在碳市场发展领域积累了大量宝贵经验，培养了一批熟悉碳市场规则的专家和人才，应充分利用这些优势，深度参与国际民航碳减排市场机制等相关规则制定进程，切实维护国家利益，推动建立公平合理的国际制度。

二、碳配额分配的经验和启示

至 2015 年，已有 17 个碳排放交易系统在全球不同行政层级的地区运行，从城市（如东京），到州［如美国东北部的区域温室气体减排行动（RGGI，Regional Greenhouse Gas Lnitiative），美国加州］和省（加拿大魁北克），再到国家层面（如新西兰），还包括超国家组织（如欧盟）。在我国，碳排放权交易已在北京、天津、上海、重庆、湖北、广东、深圳 7 个省市开展了试点，并已在 2017 年启动全国性碳排放交易系统。为适应当地实际情况，各地区的碳交易系统设计特征各异，所覆盖的行业部门也不尽相同（见表 7-3、表 7-4）。

表 7-3 部分国际碳市场覆盖的行业部门

碳交易系统	覆盖行业						
	工业	电力	建筑	交通	国内航空	废弃物处理	林业
欧盟碳排放交易系统	√	√			√		
美国区域温室气体减排行动（RGGI）		√					
美国加州总量控制和交易体系	√	√		√			
东京碳排放限额和交易计划	√		√				
新西兰碳交易体系	√	√		√	√	√	√

表 7-4 部分国际碳市场配额分配方法

碳交易系统名称	不同行业的分配方法
欧盟碳排放交易系统	第一、第二阶段大于 95%配额都是通过祖父法[①]免费发放，其余的拍卖； 第三阶段按产品基准法免费分配，但拍卖比例不低于 50%；原则上，电力行业 2020 年 100%拍卖，2027 年制造业全部拍卖；航空业 15%拍卖
RGGI	所有的排放配额通过三个月一次的区域拍卖来发放。除了通过竞拍总量控制下的排放配额，还可以通过碳补偿获得额外的碳信用
美国加州总量控制和交易体系	对大型工业设施，以免费发放为主，后期过渡到拍卖方式； 依据产量和效率基准线，大多数工业部门每年的配额约为平均排放量的 90%； 电力行业配额将免费发放； 天然气行业，配额免费发放
东京碳排放限额和交易计划	基于祖父法免费分配配额
新西兰碳交易体系	林业，渔业：一次性分配免费获得； 工业（排放密集型和国际贸易型）：基准法免费分配；其他行业有偿分配

三、案例：欧盟碳排放交易采统（EU ETS）配额分配

欧盟碳排放交易采统（EU ETS）是世界上首个温室气体排放交易系统。欧盟 28 个成员国以及冰岛、挪威和列支敦士登 31 个国家的 1.1 万个履约主体，覆盖了欧盟约

① 祖父法，可定义为使用历史基等准年数据分配固定数量配额，因此也被称为“历史排放分配法”。

45%的温室气体排放。

欧盟碳交易体系至今已运行至第三阶段：

第一阶段（2005—2007年），是“从实践中学习”阶段。在此阶段EU ETS建立了碳价格、欧盟各国排放许可的自由贸易平台以及所涉及产业MRV的相关机制。在第一阶段，仅二氧化碳排放权进入交易体系，覆盖的产业范围也限于电厂和能源密集型产业。基本所有的配额都是通过祖父法免费发放给企业，部分成员国使用了基准法和拍卖的方式发放配额。

第二阶段（2008—2012年），冰岛、挪威和列支敦士登加入EU ETS。基于第一阶段的经验，欧盟下调了总配额量（在2005的基础上降低了6.5%），同时以欧盟登记簿取代了国家登记簿，以欧盟交易日志取代了社区独立交易日志。自2012年起欧盟境内民航排放也被纳入交易系统。与第一阶段类似，EU ETS在第二阶段的配额分配也以免费发放为主，但比例降至90%左右，一些成员国使用了基准法分配配额，德国、英国、荷兰、奥地利等8个成员国进行了配额拍卖（约占总配额的3%）。

第三阶段（自2013年起），EU ETS已进入第三阶段，统一的欧盟范围排放限额（EU-Wide Cap）取代了之前的国家级的限额制度（National Caps），EU ETS纳入更多种类的温室气体和企业。配额分配方式也从免费发放转向拍卖为主。其中，电力部门原则上将不能再获得任何免费的配额，但为了支持某些特定成员国的电力部门现代化，符合相关规定的成员国可申请获得免费配额①，在2013年，高于40%的配额是通过拍卖的形式分配到电力企业的。对于电力之外的其他行业，配额分配方式也将逐步从免费分配过渡到拍卖。2013年，制造业的免费配额（基准法）占80%，但到2020年，这一比例将逐步缩小到30%；预计2027年制造业全部配额都将通过拍卖方式分配。对于航空企业，2013年至2020年期间仍将免费获得大部分的配额，约有15%的配额将由拍卖获得。而“碳泄漏”风险高的产业，欧盟仍将实行100%免费分配的方式。预计至2020年，57%的配额将以拍卖的形式发放，其余免费发放。

除此之外，欧盟预留了3亿吨的配额，拍卖等相关收入用于推动可再生能源技术和碳捕集和封存（CCS）技术的发展创新。

四、碳市场国际合作展望

（一）全球气候治理下的碳交易

2015年，全球195个国家和地区在巴黎达成了应对全球气候变化进程中里程碑式的新协定，确立了“后巴黎”时代以国家自主贡献为核心的“自下而上”的全球应对气候变化合作模式。《巴黎协定》的成功不仅在于其照顾到了各方的关切，更在于它恰当地反映了近十几年来应对气候变化领域政治、经济、技术等方面的变化，吸取了

① 8个成员国（保加利亚、塞浦路斯、捷克共和国、爱沙尼亚、匈牙利、立陶宛、波兰和罗马尼亚）符合标准并获得了免费配额。

《京都议定书》的经验和教训，并基于《公约》多年建立的机制和规则构建了一个动态、灵活的合作体制，更有效地鼓励缔约方广泛参与，并且为不断提高全球行动力度作出了安排。在这样的体制下，缔约方受到的“自上而下”强制减排压力有所减轻，在自主制定行动目标和形式的过程中识别有效的方法和工具，通过不断释放积极市场信号激励全球低碳转型。

碳定价作为减缓气候变化的重要工具获得了广泛支持，在“后巴黎”减缓气候变化行动中将发挥重要的作用。事实上在《京都议定书》刚刚达成的阶段，很多学者就提出应避免采用严格的减排目标约束缔约方，而采用对价格的限制来推动减缓行动的观点。根据《巴黎协定》第六条，2020 年后全球范围内也将建立起促进自愿合作的可持续发展机制。目前，采用碳交易或碳税等方式进行碳定价的国家和地区不断增加，已有大约 40 个国家和超过 20 个城市或区域采取了碳定价行动，相当于涵盖了全球温室气体排放的 13%；2017 年，中国启动了国家碳交易市场，是全球覆盖温室气体总量最大的碳市场。

与此同时，“后巴黎”时代的全球气候治理需要更广泛和多样化的参与主体，在国家政府、地方政府、企业、民众等诸多层次激励相关利益主体采取更积极应对气候变化的行动，只有这样才能真正有效地推动和加速低碳转型。碳交易为这一目标提供了条件和平台，通过政府、企业、社会的全面参与和多方努力，不仅能够实现特定行业的温室气体减排目标，同时还将不断提升官员、企业家、相关从业者以及民众应对气候变化的意识和能力，发挥积极的外溢作用，在更广的范围内推动低碳增长和低碳消费。

（二）碳交易国际合作机制回顾及展望

1. 回顾

《京都议定书》下建立灵活机制是碳交易国际合作的标志性事件。1997 年达成的议定书为发达国家缔约方制定了在 2008 年到 2012 年期间相比 1990 年水平减少温室气体排放 5%的目标。虽然根据不同缔约方的国情，各个发达国家承担的减排目标并不一致，但是根据当时的测算，相当一部分缔约方是没有能力完成所承诺的减排目标的。为此，《京都议定书》建立了“灵活机制”，即联合履约机制、清洁发展机制和排放贸易机制，作为其国内减排行动的补充以履行议定书所规定的义务。联合履约机制下允许各缔约方国家之间转让它们最初获得的排放配额，实际上是对其减排目标作出了调整；清洁发展机制下，发达国家的政府机构或私营公司在发展中国家出资或进行减排项目，则可以获得该项目的减排量，用于抵消该国的排放量。排放贸易机制即允许发达国家之间通过交易排放额度实现减排目标，保证以经济最优的方式来完成减排目标，各方为确保排放贸易具有竞争性和透明度，避免过度的政治干扰作出了相当的努力。

与此同时，一些国家也建立了自愿性的合作减排机制，如日本联合信用机制（Japanese Joint Crediting Mechanism，JCM）。JCM 的目标是通过在全球范围内推广先进的低碳技术、产品、系统、服务和基础设施并实施减缓行动来应对全球气候变化问题，日本政府或企业向合作国提供低碳技术等，并且在合作国实施减缓行动，通过建立联合委员会监管相关项目，最终获得减排量用于日本实现其温室气体减排目标。日本JCM的合作国主要在亚洲地区，集中在越南、蒙古、印度尼西亚等国，也包括埃塞俄比亚等非洲国家和帕劳等小岛屿发展中国家。

已有的碳交易国际合作还包括地方碳市场之间的连接。西部气候倡议（WCI）是由美国加州等西部7个州和加拿大中西部4个省于2007年2月签订成立的。WCI下建立了包括多行业的综合性碳市场。2014年1月加州和魁北克省碳交易体系正式连接，并于同年11月进行了第一次配额联合拍卖。2013—2014年履约期内，加州碳市场263家履约法人实体履约率为99.8%，魁北克省纳入的55家法人实体履约率为100%。2015年起，逐步提高碳交易覆盖的温室气体排放量，在已有的电力和工业部门基础上，进一步纳入了运输燃料、天然气销售等行业，以实现到2020年比2005年减排15%的目标。

2. 展望

未来，根据《巴黎协定》第六条，联合国框架下仍将建立一个基于市场的国际性减排合作机制。目前第六条包含了多方的主张和关切，因此尚不能清晰呈现出2020年后“可持续发展机制”的框架和机制，相关的谈判进程也未取得显著的进展，在“自下而上”的合作背景下设计相应的合作和市场机制是各方面临的共同挑战。同时关于联合履约和清洁发展机制的谈判也在并行，议定书机制与2020年后机制如何衔接也仍待解决。

此外，国际民航组织（ICAO）已经于2016年达成了建立促进国际民航减排的全球市场机制（GMBM）的决议，开启了行业减排市场机制的先河。国际民航组织在2013年通过了决议制定了2020年后全球国际航空的二氧化碳排放量零增长的目标，并提出建立国际航空全球市场机制作为实现该目标的重要手段。2016年10月，国际民航组织第39届全会通过了《国际民航组织关于环境保护的持续政策和做法的综合声明——全球市场措施机制》决议，决定从2020年到2035年分三个阶段逐步全面开启国际民航业减排市场机制。未来也有可能出现更多的行业减排市场机制。

随着采用碳交易工具的国家越来越多，未来的碳交易国际合作将更加多样化并覆盖更广泛的范围。近年来，采用碳交易工具的国家和区域数量快速增长，碳交易衍生的金融产品也逐渐增多，碳交易相关活动的活跃度水平不断提高。在一些区域组织和联盟成员国之间开展碳交易合作成为可能，更有很多学者建议将碳交易与国际贸易联系起来，以“俱乐部”的形式，通过给予俱乐部会议贸易方面的专属待遇吸引更多国家参与碳交易合作。从趋势上看，未来的国际碳交易合作将更加广泛和深入。

（三）中国在碳交易国际合作中的角色和战略

1. 中国的定位和角色

中国在全球气候治理中已经逐渐从幕后走向台前。随着中国成为全球第一排放大国，并且综合国力不断提升，中国在全球气候治理体系下的话语权不断加强，在《巴黎协定》谈判的过程中，中国也与其他大国一起发挥了历史性的重要作用，为推动整个进程和构建“后巴黎”全球气候治理体系作出了关键的贡献。

更加重要的是，中国在全球气候治理中的定位也发生了显著的变化，逐渐从“跟随者”向“引领者”过渡。一方面，中国面临越来越大的减排和出资压力，并且也有能力和意愿为应对全球气候变化作出更大的贡献。另一方面，巴黎会议之后应对气候变化进程仍需要强劲的领导力，国际社会对中国寄予厚望。

碳交易国际合作是加强国际规则制定能力和话语权的重要领域和抓手。“后巴黎”时代参与全球气候治理的重要任务之一是引领和参与国际规则的制定。2017 年启动的中国全国碳市场成为全球体量最大的碳交易市场，而不论从排放量还是减排量来说中国在全球也都占据举足轻重的地位。利用相关的话语权优势，中国应致力于通过开展碳交易的国际合作成为掌握制定规则和推动机制建设的主动权的引领者。

2. 中国开展碳交易国际合作的战略

中国应制定积极参与碳交易国际合作的相应战略和计划。

首先，要作出充分的利弊分析和风险评估，深入研究已有的国际碳交易合作经验，为相关决策提供技术支撑。包括通过分析既有经验和我国国情，研究如何通过制定减排量计算和核证方法帮助中国企业和相关技术拓展海外市场；研判海外投资者可能带来的金融风险；与处于不同发展阶段的国家和地区的合作模式等。

其次，应鼓励省级和城市试点碳市场率先开展国际合作，识别碳交易国际合作中的挑战，探索有益的合作方式。各国行业发展的水平不同，减排目标的力度也有差异，同时也采用不同的行政管理和金融管理机制，在碳交易合作的过程中，不论是项目级合作还是开放碳市场或连接碳市场，都面临着制度接轨的问题，还可能需要协调配额分配等关键问题。通过试点的模式开展合作，摸清碳交易合作中容易出现的问题，识别良好的做法并进一步推广。

最后，循序渐进从双边合作、小多边合作逐步拓展到更大范围的国际合作。如上所述，碳交易合作过程中需要政府、企业等机构之间的密切协作与协调，并且为了有针对性地应对发展阶段不同、国情各异带来的挑战，国家之间的碳交易合作需要更全面和深入的考虑以及对细节的掌控。中国国内的碳交易市场也处于初始阶段，仍在不断摸索完善碳交易机制的方式，在推动国际碳交易合作的进程还需要循序渐进，依托中国当前的对外合作倡议，不断地扩大碳交易合作的范围。